居家

安全事故防范与应对

JUJIA ANQUAN
SHIGU FANGFAN YU YINGDUI

丛书主编　陈祖朝
本书主编　马建云

中国环境出版集团·北京

图书在版编目（CIP）数据

居家安全事故防范与应对 / 马建云主编. -- 北京 : 中国环境出版集团，2017.6（2019.4 重印）
（公民安全防范与应对知识丛书）
ISBN 978-7-5111-3107-2

Ⅰ. ①居… Ⅱ. ①马… Ⅲ. ①家庭安全—事故预防 Ⅳ. ① X956

中国版本图书馆 CIP 数据核字（2017）第 051940 号

出 版 人 武德凯
责任编辑 俞光旭 赵楠婕
文字编辑 王 菲
责任校对 任 丽
装帧设计 岳 帅

出版发行 中国环境出版集团
（100062 北京市东城区广渠门内大街 16 号）
网 址：http://www.cesp.com.cn
电子邮箱：bjgl@cesp.com.cn
联系电话：010-67112765（编辑管理部）
010-67147349（第四分社）
发行热线：010-67125803，010-67113405（传真）
印 刷 北京中科印刷有限公司
经 销 各地新华书店
版 次 2017 年 6 月第 1 版
印 次 2019 年 4 月第 5 次印刷
开 本 880×1230 1/32
印 张 5.5
字 数 120 千字
定 价 20.00 元

《公民安全防范与应对知识丛书》

总策划

陈祖朝　俞光旭　徐于红

丛书编委会

主　编　陈祖朝

副主编　陈晓林　周白霞

编　委　周白霞　马建云　陈晓林　王永西
　　　　　范茂魁　杨文俊　张　军

《居家安全事故防范与应对》

本书策划

马建云　赵　艳　赵楠婕　王　菲

本书编委会

本书主编　马建云

编　　者　陶　昆　王吉红

绘　　画　陈镇绘画工作室

序

安全，使生命得到保证，身体免于伤害，财产免于损失。在人类生存的过程中，它是一种希望、一种寄托、一种期盼，它是来自生命最本能、最真切的呼唤！

安全是为了什么？安全是为了自己，为了家人，为了单位，为了社会，为了你我他……

对于我们每一个人来说，安全是通往成功彼岸的必备要素，只有在确保安全的前提下，才能抵达成功的彼岸去感受成功的喜悦；它又是培育幸福的乐土，只有在安全这片沃土的培育下，幸福之花才能绽放在你的生命旅程中。

人的一生，虽然拥有安全不等于拥有一切，但没有安全作根基，就一定没有一切。因此，在当今这个缤纷繁杂的大千世界里，人人都应树立居安思危意识。人无远虑，必有近忧；重视安全者胜，忽视安全者败，这已被社会生活中的无数事实所证明。于是，《公民安全防范与应对知识丛书》的编者们，抱着促进和谐社会发展、共建幸福人生的愿望与憧憬，将当代现实生活中人们最常见的食品安全、居家安全、网络安全、旅游安全、交通安全、违法犯罪事件的防范与应对知识，以通俗易懂的语言、丰富翔实的案例、图文并茂的形式展现给读者，进而带动全社会关注安全问题，并期盼有缘分翻阅此丛书的朋友，能从中了解和掌握自己在日常生活中需要的安全事故（事件）防范与应对知识，使自己、家人和身边的朋友远离事故的危害，尽量避免伤害在我们面前发生。

本丛书由中国环境出版社组织编写出版，中国消防科普委员会委员、长期在社会单位从事防灾减灾宣传教育活动的资深专家陈祖朝担任主编；由几十年来一直在公安消防部队高等专科学校教学科研战线工作、对各类安全事故的防范与应对有着深厚理论功底和丰富实战经验的周白霞、陈晓林、王永西、马建云、范茂魁、杨文俊六位教官分别担任分册主编。在编写过程中，我们参考并直接或间接地引用了国内外相关专家学者的观点和知识；各分册的编者们都是在教学科研一线的骨干，他们在努力完成本职工作的同时，不辞辛苦地利用业余时间完成撰稿，在此一并表示衷心感谢！

但愿这套丛书能为有缘分翻阅的读者朋友们，在人生的旅途中打开一扇通往平安道路的大门。

祝愿天下人一生平安！

丛书编委会

2017 年 5 月

前言

家庭是每个人最安全的休息场所。但在日常生活中，一些事故的发生，是因为我们一时疏忽大意，甚至是漫不经心所造成的，家庭中存在着不少居家隐患，这些隐患的存在决定了家庭内发生事故伤害的可能性。本书从家庭说起，从一般家庭生活安全的角度出发，介绍了与居家安全密切相关的用火、用电、用气、用药、家装、防盗窃、网络诈骗等安全知识以及老人、儿童等特殊人群发生安全事故的常见原因及其所遭受的危害，并提出事故的防范及应对措施，书中还特别在对应章节里介绍了火场逃生及地震自救的方法技巧。目的是帮助家庭成员增强安全防范意识，掌握居家事故的应对知识及自救互救技能，全面提高全民安全素质，让我们拥有一个安全、幸福的居家环境。

本书由马建云担任主编，陈镇负责插图绘画。全书共分十一章，具体编写分工如下：第一章、第二章、第三章由马建云编写；第四章、第五章、第六章、七章由王吉红编写；第八章、第九章、第十章、第十一章由陶昆编写。由于编者水平有限，不足之处望广大读者批评指正。

编者

2017 年 5 月

目录

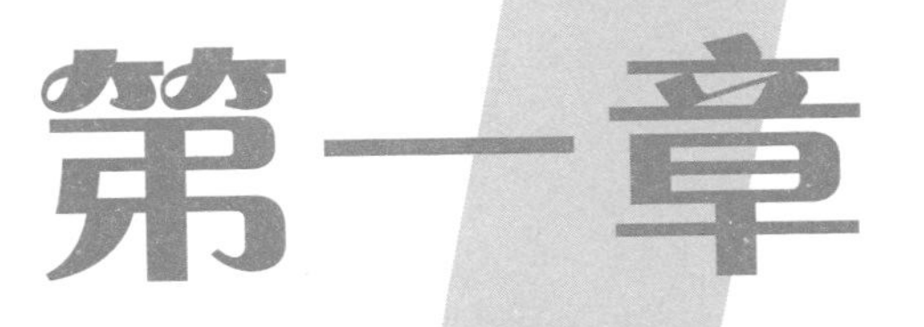

第一章 燃气事故防范与应对

燃气，是气体燃料的总称，它能燃烧而放出热量，供人们在生产、生活中使用。燃气的种类很多，在居家生活中燃气主要由天然气、液化石油气、人工煤气三类燃气构成。燃气的使用对改善城市人居环境，提高城市品位，满足人们快捷高效的活动需要，发挥了显著作用；但因其具有易燃、易爆、有毒等特性，一旦使用不当，就会给人们带来危害，甚至酿成事故。通常，天然气和人工煤气用管道运输，发生事故较少，而液化石油气通过气瓶送到千家万户，则较为危险。近年来，因燃气设施使用不当，燃气泄漏引发火灾、爆炸、中毒的事故时有发生。据统计，2011—2014 年全国共发生 33 356 起燃气事故。其中室内发生的燃气事故就占总事故数的 66.4%。

一、燃气事故的危害

我国民用燃气均为可燃气体，其中有的是有毒气体。由于各种原因泄漏，会引发火灾、中毒事故，当室内燃气浓度超过爆炸极限时，遇打火机、电器开关、静电等都会发生爆炸，并引发火灾。

（一）引发燃烧爆炸

燃气在泄漏后，会形成一个局部着火爆炸区，即使整个空间没有达到爆炸极限，局部着火爆炸区如果遇到火源，也会造成爆燃着火，并可能点燃附近的可燃物。泄漏的燃气与空气混合，当燃气达到一定浓度时，就会形成有爆炸危险的混合气体，

这种气体一旦遇到明火就会发生爆炸。

（二）引发中毒事故

燃气中毒事故主要是燃气中的一氧化碳、甲烷、硫化氢等导致的。对于使用人工煤气的用户，由于煤气中含有少量一氧化碳，当煤气泄漏时，容易引起中毒。对于使用液化石油气和天然气的用户，当空气量不足，造成燃气燃烧不完全时产生的一氧化碳，也会引起中毒事故。天然气的主要成分是甲烷，有的有少量的硫化氢，一旦泄漏，也会导致甲烷或硫化氢中毒事故；当天然气在密闭的房间里燃烧，同其他所有燃料一样，也都需要大量氧气，消耗氧气过多时，室内的氧气会大量减少，使燃气燃烧不完全，产生有毒的一氧化碳。

1. 煤气中毒

煤气中毒即一氧化碳中毒，一氧化碳是剧毒物质。城区居民使用管道煤气，管道中一氧化碳浓度为 25% ～ 30%。一氧化碳是一种无色无味的气体，不易察觉。空气中一氧化碳含量如果达到0.05%，就可使人中毒。血液中血红蛋白与一氧化碳的结合能力比与氧的结合能力要强200多倍，然而，血红蛋白与一氧化碳的分离速度却很慢。所以，人一旦吸入一氧化碳，氧便失去与血红蛋白结合的机会，人体血液不能及时供给全身组织器官充分的氧气，而大脑是最需要氧气的器官之一，一旦断绝氧气供应，由于体内的氧气只够消耗10分钟，很快造成人的昏迷并危及生命，如救治不及时，很可能造成呼吸被抑制进而死亡。

（1）轻度中毒。感觉头晕、头痛、眼花、耳鸣、恶心、呕吐、心慌、全身乏力，这时如能觉察到是煤气中毒，及时开窗通风，吸入新鲜空气，症状很快减轻、消失。

（2）中度中毒。除上述症状外，还可能出现多汗、烦躁、步态不稳、皮肤苍白、意识模糊、困倦乏力，如能及时识别，采取有效措施，基本可以治愈，很少留下后遗症。

（3）重度中毒。在意外情况下，特别是在夜间睡眠中引起中毒，常常日上三竿或较晚才被发觉，此时多已神志不清，牙关紧闭，全身抽动，大小便失禁，面色口唇呈现樱红色，呼吸脉搏增快，血压上升，心律不齐，肺部有啰音，体温可能上升。极度危重者，持续深度昏迷，脉细弱，不规则呼吸，血压下降，也可出现高热40℃，此时生命垂危，死亡率高。即使有幸未死，也有很大可能遗留严重的后遗症，如痴呆、瘫痪、丧失工作和生活能力。

2. 天然气中毒

天然气主要成分是甲烷，其本身不具备毒性，属“单纯窒

息性”气体，少量吸入不会给人体造成伤害，但在空气中浓度达到15%以上时，使氧气含量减少，仍会造成人员窒息中毒。天然气中毒，主要表现为类神经症，头晕、头痛、失眠、记忆力减退、恶心、乏力、食欲不振等。

3. 液化石油气中毒

液化石油气主要由丙烷、丙烯、丁烷、丁烯组成，这些碳氢化合物均有较强的麻醉作用。但因它们在血液中的溶解度很小，少量吸入液化气对人确实没有多大影响。例如，当空气中液化气浓度为1 %时，即使吸上10分钟，也不会造成中毒。然而，随着泄漏的扩大，空气中液化气浓度的增大，对人的毒性也增强了。当浓度提高到10%时，人在这种环境中只要待上2分钟，就会感到头晕、难受。当吸入浓度再增高，从而使空气中氧气的含量降低时，会使人麻醉，造成窒息。例如，空气中含丙烯24%时，人在短短的3分钟内就会中毒，失去知觉。

另外，液化气燃烧需要大量空气进行助燃，当空气量不足时将会缺氧导致燃烧不完全产生剧毒物质一氧化碳，若吸入人体则导致一氧化碳中毒。

二、居家燃气事故原因分析

（一）管道、胶管泄漏

（1）由于入户燃气管道年久失修，腐蚀严重或陈旧老化；燃气表、阀门、接口损坏；管道出现砂眼、漏孔、机械损失或者管道螺纹连接处和燃气阀门部位出现裂缝，造成泄漏。

（2)燃气胶管是连接燃气管道和燃气用具的专用耐油胶管，因燃气胶管老化或老鼠咬破而造成的燃气泄漏事故占所有燃气事故的30%以上。

1）胶管老化龟裂或火焰烘烤造成的胶管硬化，胶管超过安全使用期限，或尖硬物的穿刺及老化，使胶皮管产生裂缝气孔而造成燃气泄漏。

2）长时间使用燃气灶具，自然或人为使连接胶管的两端松动造成燃气泄漏。

3）老鼠咬坏燃气软管会导致燃气的泄漏。

4）擦拭灶具、台面或从橱柜中拿放炊具时都可能牵动、刮碰胶管，使外力通过变硬的胶管直接作用在两端的接头处，天长日久容易造成胶管从连接处松动、脱落并导致开放式泄漏。

2009年11月20日，河南濮阳某小区18 楼103户发生天然气泄漏爆炸事故，不仅造成了事发户1人死亡1人重伤，还造成了邻居4人死亡2人轻伤的惨剧。而造成此次事故的直接原因是事发户房间里厨房灶前阀开启，且连接壁挂炉的软管接口处没有采用金属管箍固定，致使此处软管出现松动脱落而引发天然气泄漏。

5）灶具和灶前阀一般通过橡胶管连接，橡胶管易老化且易燃烧，故不宜过长，一般1米左右，最长不能超过2米。如果胶管过长，在使用过程中受厨房环境和老化因素的影响很容易出现漏气，或被火烤着酿成火灾事故。

2001年3月28日，一煤气用户的煤气胶管过长，超出部

分盘于暗处，因被老鼠咬破引起煤气泄漏造成3人中毒身亡。2008年3月6日，一煤气用户在装修厨房时，使用超长胶管暗设在整体橱柜内，因胶管老化渗漏，煤气聚积达到爆炸浓度，点火做饭时猛然发生爆炸。2008年5月10日，一燃气用户使用超长胶管，将超长部分盘窝在灶后，因锅被烧干烤化胶管酿成严重火灾。

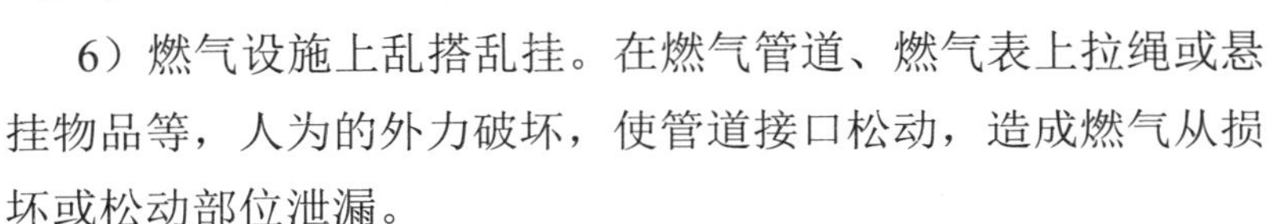

6）燃气设施上乱搭乱挂。在燃气管道、燃气表上拉绳或悬挂物品等，人为的外力破坏，使管道接口松动，造成燃气从损坏或松动部位泄漏。

2002年4月8日，一煤气用户因表具上搭挂易燃物，炒菜时油锅过热引起食用油燃烧引燃易燃物，导致煤气表着火，酿成严重火灾；2007年8月27日，一煤气用户因借燃气设施固定电线，电线短路诱发火灾，致使女主人被严重烧伤。

（二）灶具泄漏

1. 灶具没点燃

灶具点火失败（即未打着火）未察觉，致使未燃烧的燃气直接泄漏。所以在开启灶具时一定要注意观察灶具燃烧器是否被点燃，同时还要看一看火焰是否正常，否则就有可能因粗心而酿成灾害事故。

2005年3月7日，一煤气用户在烧水时，开启灶具开关后离开厨房，因灶具没被点燃，煤气大量泄漏，造成1人中毒死亡。

2. 使用燃气后不关阀门或灶具开关没关到位

灶具开关具有点火、火力调节和切断气源的功能，但在关闭时，若关不到位，虽然火已熄灭，但仍有少量燃气溢出，也极易酿成事故。

2005 年 3 月 27 日，一煤气用户做完晚饭后因灶具开关没关到位，造成 1 人中毒死亡；2008 年 6 月 25 日，一煤气用户同样因为灶具开关没关到位，煤气泄漏造成 1 人中毒后经医院抢救无效死亡。

3. 使用时无人照看

燃气燃烧时，突然来风把火吹灭，若人不在场，易造成燃气泄漏，或者在用气过程中汤水溢出，火焰被熄灭，造成燃气泄漏。在做饭时，人离开厨房时间过长，或忘记关闭灶阀，锅被烧干酿成火灾的现象更是多见。

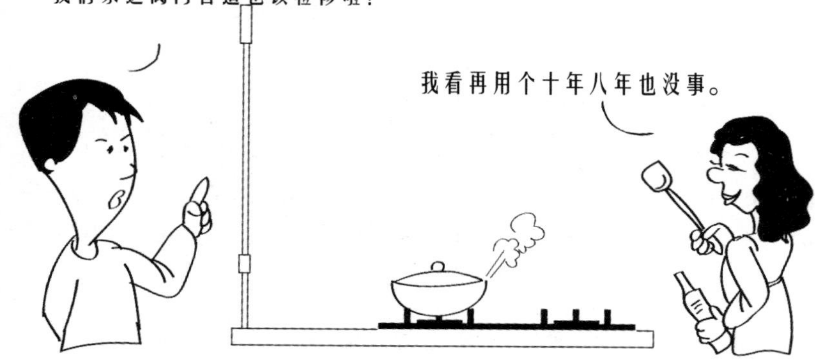

2002 年 1 月 3 日，一煤气用户在用小火煎药时，灶前无人，药沸后溢出，灶具火焰被熄灭，煤气扩散入室内，造成 5 人中

毒死亡的惨剧；2002年2月9日，一煤气用户烧汤时，灶前无人，汤沸后溢出将火熄灭，煤气扩散到室内，造成1人中毒死亡。

4. 灶前阀不关

灶前阀一般通过灶前软管和灶具相连，使用燃气时开启，不用时关闭，既便于灶具维修保养和软管更换，又可以有效地防范燃气安全事故。如果灶前阀经常不关，就起不到应有的作用，一旦遇到灶具开关关闭不到位，灶前软管老化漏气，胶管脱落等现象都会造成严重后果。

2003年2月12日，一煤气用户灶前阀不关，晚饭后在清理灶台时不慎使胶管连接头脱落，造成两人中毒死亡。

5. 忘记关闭阀门

使用燃气灶具过程中突然发生供气中断，而未及时关闭燃气阀门，致使恢复供气时管道燃气的泄漏。

（三）燃气表泄漏

主要由中间轴密封件老化引起，一般集中发生在使用时间较长的老表上，并易受温度变化的影响。

1999年12月9日6时，上海闹市静安寺附近的丽日大酒家，因燃气表发生泄漏，造成7人死亡、近百人受伤。

（四）燃气热水器违章使用

1. 使用直排式热水器

早期生产的直排式热水器，直接将燃烧后的废气排到室内，由于燃烧1立方米煤气大约需要5立方米空气，同时排出约6立方米废气，在新鲜空气不足的情况下，煤气不完全燃烧还会产生大量的一氧化碳。使用直排式热水器如果时间过长，遇到室内空间较小、门窗封闭过严的情况，就会因室内聚积大量废气和一氧化碳，造成室内人员中毒、窒息，酿成严重后果。

2000年7月28日，一煤气用户使用直排式热水器，因上述原因造成3人窒息死亡；2002年2月17日，一煤气用户使用直排式热水器，因不注意通风造成1人一氧化碳中毒。

2. 热水器安装不规范

热水器安装应符合有关技术规范，必须由有安装资质的单位的专业人员安装，经验收合格方可投入使用。近年来随着燃气具市场的放开，一些经销商受利益驱动，出售燃气具时，在不具备安装资质和专业人员的情况下，随便开展热水器安装业务；更有个别用户贪图便宜在小商小贩手中购买热水器自行安装或更换，这样安装的热水器，更容易发生由于热水器安装不规范或因管件连接处密封不严等酿成的燃气事故。

2002年1月28日，一煤气用户私自拆装热水器，因管件连接处封闭不严，造成1死2伤的严重后果。2004年7月5日一煤气用户从个体商贩手里买回热水器并让其安装，由于安装时烟道没有伸出室外，造成该户女主人在使用热水器洗澡时窒息死亡。2007年8月10日，一煤气用户私装热水器，因连接热水器的小开关漏气造成3人煤气中毒。

3. 热水器超期使用

国家规定人工煤气热水器的使用年限为6年，一般来说超

过规定使用年限的热水器其安全性能就没有可靠的保障。因此，到规定使用年限的热水器应及时更新。但一些用户对此未给予足够重视，贪图省事或省钱，能勉强使用就不去更新，这样就很容易酿成燃气事故。

2004 年 7 月 5 日，一家美容店使用超出规定使用年限的废旧热水器，因发生漏气造成 6 人煤气中毒。

4. 私自改动燃气设施

由于燃气的危险特性，燃气设施的安装和拆改都必须经燃气管理部门同意，由具有相应资质的单位的专业人员施工。然而，有的用户擅自拆、改、移动室内燃气管线，将燃气管线移入墙内或橱柜内，由于施工不符合要求而造成燃气泄漏。

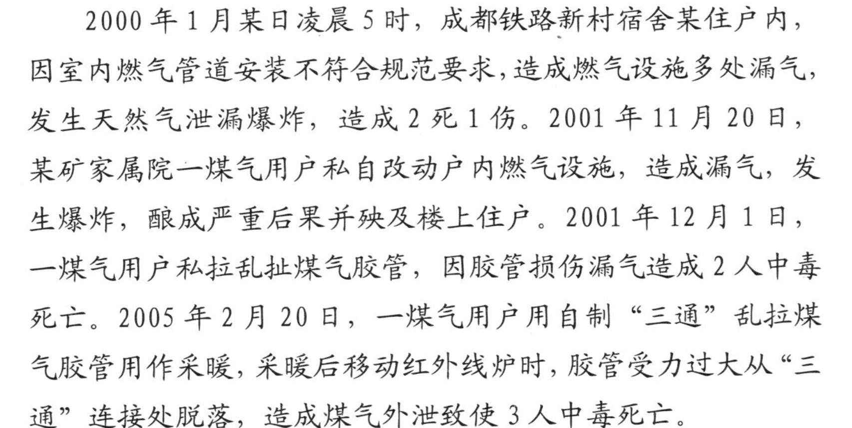

2000 年 1 月某日凌晨 5 时，成都铁路新村宿舍某住户内，因室内燃气管道安装不符合规范要求，造成燃气设施多处漏气，发生天然气泄漏爆炸，造成 2 死 1 伤。2001 年 11 月 20 日，某矿家属院一煤气用户私自改动户内燃气设施，造成漏气，发生爆炸，酿成严重后果并殃及楼上住户。2001 年 12 月 1 日，一煤气用户私拉乱扯煤气胶管，因胶管损伤漏气造成 2 人中毒死亡。2005 年 2 月 20 日，一煤气用户用自制“三通”乱拉煤气胶管用作采暖，采暖后移动红外线炉时，胶管受力过大从“三通”连接处脱落，造成煤气外泄致使 3 人中毒死亡。

三、燃气事故的防范

燃气安全事故应从以下几点进行防范：

（1）提高居民用户使用燃气的安全意识。燃气供应单位应向用户宣传用气安全常识及事故发生处置措施，以增强用户用气安全意识。也可利用报纸、电视、广播加以宣传。

（2）买合格的燃气设备，由专业人员安装燃气设备，并及时维护保养。连接燃气用具的胶管应使用专用燃气胶管，每2年更换一次，胶管两端应用管卡固定、防止脱落，胶管长度不宜超过1.5米。严禁使用过期、劣质胶管，不得穿墙使用，并请定期检查，发现老化、龟裂、烤焦、鼠虫齿咬痕迹，应立即更换。

2002年9月6日上午7点，某市某用户因燃气灶接软管过长，坠在橱柜底部，被老鼠咬断，造成天然气泄漏。用户在使用燃气灶时引发燃气爆炸，1人被烧伤。

（3）用完燃气灶具应及时关闭灶具阀门和灶前阀门，当室内长期无人居住时，应当关闭表前总阀门。

（4）不要擅自拆除、改装、移动、包装燃气设施，不要在燃气管道上搭挂重物，拴锁自行车、摩托车等物品，或做接地线使用。

2003年1月19日凌晨1点左右，某市一用户违规私自安装热水器，将硬质铝塑管直接插入燃气接头，由于铝塑管与燃气接头直径不一，形成环形缝隙，造成热水器燃气接头泄漏，引发燃气爆炸，造成1人烧伤，厨房、卫生间物品被严重损坏。

2004 年某市一用户居住在三楼，违规将私自改装的燃气管道安装在墙壁内。由于私改的管道连接不符合技术要求，造成燃气泄漏。气体沿砂灰缝隙、孔洞、砖缝逸散至四楼墙壁电气开关盒内。凌晨 5 点 30 分，四楼住户起夜打开电气开关，产生的电火花引爆逸散在墙壁内的燃气发生爆炸，将三楼、四楼半边房屋全部炸塌，三楼、四楼正在睡觉的 5 人在睡梦中全部丧生。

（5）厨房尽可能采用自然通风。在使用燃气时人员千万不要离开，以免汤水溢出熄灭火焰，造成泄漏。

（6）有条件的安装燃气泄漏报警、熄火保护装置，可以在发生燃气泄漏早期报警。

（7）对于使用燃气热水器的用户，热水器处应具有熄火保护装置和不完全燃烧保护装置，应采用强制排风式热水器，避免采用直排式热水器，防止烟气中的一氧化碳积聚室内造成中毒事故。使用燃气热水器时，要开窗通风，保持室内空气流通。

2001 年春节，某县天然气用户因天气寒冷，将通向室外的门窗紧闭，造成室内空气不流通。当时，母女俩在客厅烤火、看电视，父亲在浴室洗澡。燃气燃烧时所产生的废气和有毒气体（一氧化碳），无法及时排出室外，造成该用户一家三口一氧化碳中毒死亡。2008 年 4 月，北京市一小区楼房里发生一起严重的煤气中毒事故，住在该房间的 10 名女青年（20 ~ 25 岁）有 9 人因抢救无效死亡。10 名女青年住的 209 室是她们供职公司的集体宿舍。事故的原因是：多人在相继洗澡的过程中，较长时间地使用室内燃气热水器，造成一氧化碳聚集，导致中毒。而 10 名青年居住的 209 室房间内无排烟道。虽然该居民楼使用的是天然气，其燃烧产物通常是水和二氧化碳，但天然气燃烧不充分仍会产生一氧化碳有毒气体。

（8）正确使用燃气设备，并经常检查室内管道及设备，如怀疑燃气泄漏，可用鼻子闻气味，家用燃气中都加了一定的臭气，鼻子很容易就闻出来。怀疑家中有燃气泄漏时，可用肥皂水涂抹在管道旋塞阀、胶管及燃具开关处进行自检。

四、燃气事故的应对

（一）燃气泄漏后应急措施

发现燃气泄漏后，最主要的是防止爆炸的危险，此时首先要杜绝一切火种。

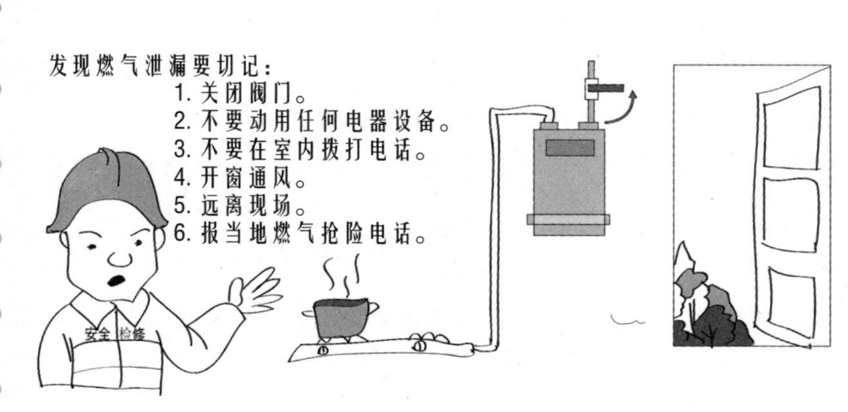

（1）现场严禁烟火和使用任何电器或室内电话（如灯、排风扇、抽油烟机、电视、电话等），以免爆炸，给家庭和人

员造成更大的灾难。

2009 年 7 月，张某和女朋友刘某从外面回到家里，刚打开房门，就闻到一股燃气味道。张某进屋后立即关闭天然气阀门、打开窗户。稍后，张某进入洗澡间洗澡，刘某抽出香烟，掏出打火机点火，突然“砰”的一声发生了爆炸，张某全身灼伤面积达 40%，刘某全身烧伤面积达 25%。火灾原因系为用户未按使用要求安装使用灶具软管，导致燃气泄漏，同时发现燃气泄漏后处置不当，在燃气未安全排出去的情况下制造明火引发火灾。

（2）立即打开门窗通风换气。

（3）迅速关闭气源总阀，查找煤气漏泄的原因，排除隐患。

（4）如不能排除隐患，应到户外打抢修电话通知供气单位进行处理。

（5）如发现邻居家的燃气泄漏，应敲门通知，切勿使用门铃。

（6）如果事态严重，应立即撤离现场，拨打消防救援电话“119”或燃气公司的电话报警。

2008 年 5 月 29 日，北京朝阳区康家园小区一居民家中天然气泄漏，女主人打电话报警时，产生电火花，引起爆燃。消防员将火扑灭后把严重烧伤的女主人抢救出来。据女主人回忆，当天晚上回到家中闻到浓重的燃气味，刚拿起电话准备报警就发生了爆炸。

（二）燃气起火扑救

家用燃气灶着火时，首先应迅速果断关闭气源。如果是管道燃气，除了关闭灶具开关（或灶前阀）外，还要关闭表前总阀门，然后再用灭火剂进行灭火。

如果是液化气罐着火，无论是胶管还是角阀口漏气起火，只要将角阀关闭，火焰将会很快熄灭。如果阀口火焰较大，可以用湿毛巾、抹布等猛力抽打火焰根部，将火扑灭，然后关紧阀门。如果阀门过热，可以用湿毛巾垫着关闭阀门。角阀失灵时，可以将火焰扑灭后，先用湿毛巾、肥皂、黄泥等将漏气处堵住，把液化气罐迅速搬到室外空旷处，让它泄掉余气，然后交有关部门处理。但此时一定要做好监护，杜绝火源存在。将火扑灭后，切记要堵住漏气，否则气体继续跑漏，遇明火发生爆炸，会造成更严重的后果。

（三）燃气中毒者的现场急救措施

（1）流通空气。当发现有人煤气中毒时，首先应打开门窗，迅速将中毒者抬离中毒环境，让患者安静休息，避免活动后加重心、肺负担及增加氧的消耗量。

2005 年 12 月，郑州市某小区一户居民因煤气阀门没拧紧，造成老两口煤气中毒，其子女发现后立即拨打“120”，却没把老人挪出中毒房屋。10 分钟后，救护人员赶到，一位老人刚停止呼吸。医护人员遗憾地说：“如果懂得急救知识，把老人抬离充满煤气的房间，中毒就不会那样深，老人就有可能生还。”

（2）解除中毒者呼吸障碍。应解开中毒者衣扣，清除口中异物，保持呼吸道通畅，解开衣领、胸衣、松开裤带并注意保暖。

（3）电话求救。如果病人中毒情况较重，陷入昏迷，则应

立即打“120”急救电话。

（4）正确安置中毒者。病人安置好后，中毒较严重的患者会处于昏迷状态，应适量灌服浓茶、汽水、咖啡等，不能让其入睡。注意保持中毒者体温，可用热水袋或摩擦的方法使其保持温暖。意识清醒者也可适量饮茶、水、咖啡。有条件的还可进行针刺治疗，取穴为太阳、列缺、人中、少商、十宣、合谷、涌泉、足三里等。轻、中度中毒者，针刺后可以逐渐苏醒。

（5）进行人工呼吸。对于失去知觉的中毒者，除采取上述措施外，必须在最短的时间内进行人工呼吸和心脏按压。待其恢复知觉后，应使其保持安静。有条件时在送医院途中，仍要坚持抢救。

第二章 家庭用电事故防范与应对

家庭用电的安全，关系到整个社会的用电安全。随着我国经济的快速发展，人们物质生活条件的不断改善，家庭使用电器的品种和数量在逐渐增加。家用电器给人们的日常生活带来了许多便利，同时也带来了一些家庭用电安全事故。由于家用电器引起的火灾、人员触电事故等，给人们带来了财产和人身伤害。家庭用电安全，是每一个家庭都不能忽视的问题。

一、家用电器事故的原因及危害

（一）电器火灾事故

电器火灾是指由电器原因引发燃烧而造成的灾害。短路、过载、漏电等电器事故都有可能导致火灾。近年来，家庭安装使用的电器设备越来越多，使得家庭中用电的总功率大幅度上升。相应的由家用电器引发的火灾数量也在不断增加。20世纪80年代，我国电器火灾约占火灾总数的15%，在全世界居第三位。近几年随着电能被广泛地开发与利用，不论是在乡村还是在城镇，电器火灾都在猛增，占火灾总数的20%以上，已上升为世界第一位。我国2004—2013年十年间电器事故引发的火灾平均每年4万多起！

1. 线路超负荷引起的火灾

在缺少必要防护措施时，当线路所接用电器增加超过其承载的负荷时，实际电流超过导线的额定电流，导线发热量就会增加、温度会升高，到达一定温度时，就会引起线路燃烧，引发火灾。

2. 电器绝缘老化引起的火灾

电线和家用电器在使用一段时间后，都会出现绝缘老化的问题，若不进行及时的更换或维修，很容易发生绝缘击穿短路或绝缘过热，引发火灾事故。

3. 不正确使用电器设备引起的火灾

电器设备在使用时，要遵照其使用说明，若不能按照说明使用，就易引发火灾事故。

（二）触电事故

触电是电击伤的俗称，通常是指人体直接触及电源或高压电，或电源和高压电经过空气或其他导电介质传递电流通过人体时引起的组织损伤和功能障碍，重者发生心跳和呼吸骤停。触电的主要症状是灼伤、强烈的肌肉痉挛等，会影响呼吸中枢及心脏，引起呼吸抑制或心搏骤停。发生触电的原因很多，在普通家庭里，主要有以下几种。

1. 缺乏安全用电知识

由于不知道哪些地方带电，什么东西能传电，误用湿布、抹布浸泡或擦抹带电的家用电器，随意摆弄灯头、开关、电线，一知半解拆装电器等；安装、修理屋内电灯、电线时，似懂非懂、私拉乱接，造成触电。

2. 用电设备安装不合格

如果电风扇、电饭煲、洗衣机、电冰箱等没有将金属外壳接地，一旦漏电，人碰触设备的外壳，就会发生触电。有的家

庭因为一时材料不全，将就使用已经老化或破损的旧电线、旧开关，这种错误的做法，很容易引起人身触电。电灯安装的位置过低，碰撞打碎灯泡时，人手触及灯丝而引起触电。

3．用电设备没有及时检查修理

如果开关、插座、灯头等日久失修，外壳破裂、电线脱皮，家用电器或电动机受潮、塑料老化漏电等，也容易引起触电。

4．不小心接触带电电线

在室外误拾断落电线触电，如此时同伴用手去拉触电者，会造成多人受伤或死亡，甚至造成群伤或群死事件。儿童在电线或电器附近追逐玩耍，也可能误触碰电线、电器而酿成大祸。

（三）家用电器辐射

随着生活水平的提高，越来越多的电器产品进入家庭，这些电器或多或少都会产生电磁辐射。电磁辐射是产生于电流的，只要有电流的地方就有辐射，任何电器只要通上电流就有电磁辐射，大到空调、电视机、计算机、微波炉、加湿器，小到吹风机、手机、充电器甚至接线板都会产生电磁辐射。虽然各种电器产生的辐射量不尽相同，但长期、过量的电磁辐射会对人体生殖系统、神经系统和免疫系统造成直接伤害。电磁辐射已被世界卫生组织列为继水源、大气、噪声之后的第四大环境污染源，成为危害人类健康的隐形“杀手”，防护电磁辐射已成当务之急。

二、电器火灾事故的防范与应对

（一）电器火灾事故防范

1. 电器插座

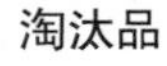
淘汰品

新品

由于家用电器的供电普遍采用插头与插座连接，据有关部

门统计，近几年，家庭因使用插座引发电气火灾的事故，占家庭火灾事故的三分之一以上。有些家庭普遍存在购买的插座质量不合格、安装不规范等问题。

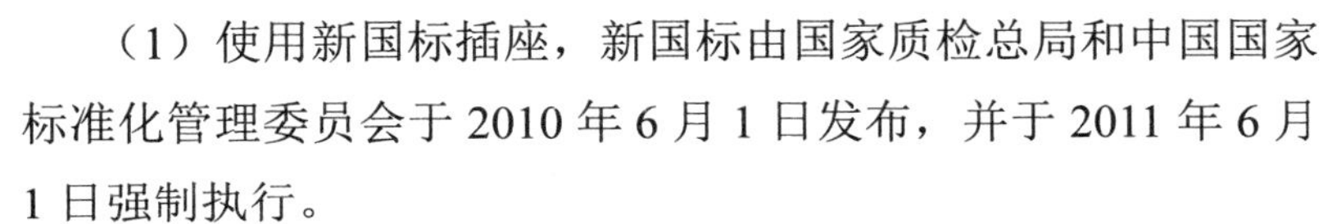

（1）使用新国标插座，新国标由国家质检总局和中国国家标准化管理委员会于 2010 年 6 月 1 日发布，并于 2011 年 6 月 1 日强制执行。

（2）家用电器和照明灯具必须购买合格产品，“三无”劣质产品自身的火灾危险性大，家庭应拒绝购买。

2006 年 5 月 21 日，上海市一居民家中发生火灾，火灾是因为该居民月初花 7 元钱购买的劣质插座引发的。

（3）安全使用插座，不要在同一个插座上同时使用多种大功率电器用具，超负荷用电最不安全，会导致电线发热、发烫，引发火灾。

2011 年 7 月 15 日，一办公楼二楼突然冒烟，消防队员进

入二楼搜救后发现一间办公室里虽然看不到明火，但浓烟不断，墙面上的插座已被烧焦，计算机、电视机被烧得面目全非。起火原因是该办公室人员下班后没有关闭插座电源，办公室计算机长时间开机，且多功能插座上还插着的空调、热水器等用电设施长期不断电，引起插座超负荷运行造成短路故障，引燃了旁边堆放的纸张等可燃物，进而引发此次火灾。

（4）停电后要切断家里电源，关闭所有电器开关，防止恢复供电后电器设备因无人看管而酿成火灾事故。

（5）外出或者睡觉前，应该将室内各种电源关闭。

（6）及时更换老化电器设备和电器线路。

2. 电视机

一般来说，电视机发生火灾的可能性不大，但如果使用不当，也会酿成火灾事故。

（1）收看电视节目时，不能用湿毛巾去擦荧光屏等，否则，会造成电视机爆炸或起火。

（2）使用室外天线，应保证外接天线避雷设施接地良好，避免雷击引起电视机起火。

（3）电视机使用时不要有遮盖物，会影响电视的散热效果。

（4）当遇到雷雨天气时，一定要关闭电视，同时要拔掉电源和天线。

（5）离开家门时或要睡觉时，务必按下电源按钮关闭电视，不应只用遥控器关电视。

2006 年 8 月 11 日凌晨 2 时许，山东安丘市王家庄镇高家埠一村民家 25 英寸某品牌彩电发生爆炸，门窗玻璃破碎，屋

顶坍塌，房屋一片火海。电视机爆炸的原因是：8 月 10 日晚 9 时，该户看完电视用遥控器关闭，因没有断电，电视机聚集热量达到极限发生爆炸，引燃屋内易燃物品，酿成火灾。2006 年 7 月 20 日 17 时 50 分许，位于哈市南岗区学府路 7 号的一所学校的男生宿舍突然起火。原来该宿舍学生离校时未将电视插头拔下，导致电视短路爆炸起火，大火将宿舍内物品烧毁。

3. 计算机

计算机给人们的生产、生活和学习带来了许多便利，但在平时使用计算机的过程中也存在一些安全隐患，如果计算机使用不当也会引起火灾。计算机积热过多造成温度升高、线路短路，以及雷电等外源因素损坏等，都是引发计算机火灾的原因。

（1）计算机应放置在通风处，不可把计算机放于被褥、毛毯等柔软、易燃物品上使用，确保计算机的良好散热。

2006 年 10 月 16 日下午，北京师范大学继续教育学院南院女生宿舍楼发生火灾，起火原因是一台放在宿舍床铺上的笔记本电脑爆炸，引燃被褥。

（2）使用计算机时间不宜过长，每隔 4 ～ 5 个小时应关机一段时间，等计算机内部热量散出后再继续使用。

2013 年 2 月 24 日下午，宜宾筠连县城区交通稽征所住宿楼三楼一房间突发大火，浓烟滚滚、火星四溅，并伴有爆炸声。火灾将房间内的电线、家具全部被烧毁，玻璃窗已被烧变形。后查明火灾是因为房间主人长时间开计算机下载电影，计算机发热，引燃可燃物。

（3）在使用计算机的过程中，如果遇到异常现象，如冒烟、闻到焦煳味等，应立即关闭电源，防止火灾事故发生。

（4）不用计算机时，应将计算机关闭，并及时切断电源。

4. 电熨斗

电熨斗表面温度高达520～630℃足以引燃织物、纸张，在使用电熨斗时一定要注意安全。

（1）电熨斗在熨烫衣物的间歇要把电熨斗竖立放置，或者放在专用的电熨斗架上，千万不要把电熨斗平放在要熨的衣物或可燃物品上。

（2）熨烫衣物时要养成“人离开，拔插头；暂不用，熨斗竖”的好习惯。

2008年12月10日9时左右，温岭东辉小区某室发生火灾。起火原因是女主人在客厅用熨斗烫衣服，烫完后，把电熨斗竖着放在沙发边上，电源插头没拔就出去买菜了。最终没断电的电熨斗把沙发烤燃，引发火灾。

5. 电热毯

电热毯是利用电阻丝通电后产生的热量来取暖的，使用的地点在床上，周围都是可燃物。电热毯使用不当会造成人体触电，还可能造成局部过热引起火灾。

（1）电热毯不用或使用中停电，一定要切断电源，不能长时间通电。

2011年12月26日浙江宁波的一栋老房子发生火灾，起火原因是户主出门时忘记关闭电热毯，由于通电时间过长，电热毯被引燃，最终引发大火。

（2）使用电热毯时还要防潮，特别是防止小孩或病人尿床

使电热毯浸湿，导致电线短路。

2002 年 1 月西安市一居民家使用电热毯时，妻子闻到房里有股焦味，翻开被子发现，电热毯烧了个碗口大的洞，就赶忙拔下插头，用水将火浇灭，因为整个床被浇湿了，夫妻俩就搬到另外一个房间去睡，没想到凌晨 4 时，发现放有电热毯的那间房火光冲天，整个房间的东西全部被烧毁。经勘查，燃烧的电热毯的火焰虽被水浇熄，但电热毯的余热尚未散尽又引燃了房间里的可燃物。

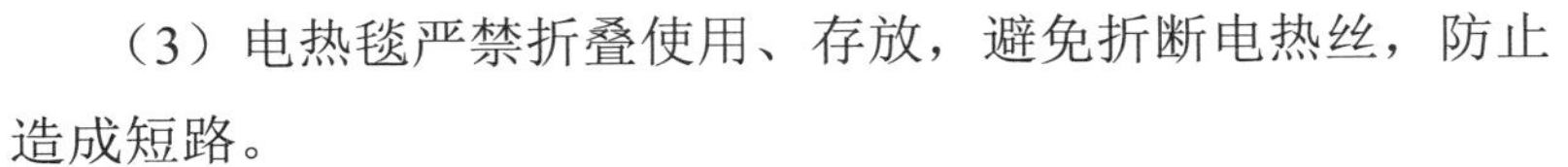

（3）电热毯严禁折叠使用、存放，避免折断电热丝，防止造成短路。

2007 年 1 月南京栖霞区的一幢别墅发生火灾。原因是住户老太太将电热毯铺在沙发上睡觉，由于沙发表面形变较大，电热毯折叠，导致电热毯内电热丝局部过热而引发火灾。

6. 取暖器

一般家用取暖器的功率在 400 ～ 2 000 瓦，发热温度较高，采暖简单快捷，但由于它的散热集中，长时间不停烘烤易燃衣物等就会引燃衣物火灾。

（1）在使用时严防机体接触可燃物，更不能在取暖器上烘烤衣物。

（2）不能将取暖器靠近诸如沙发边、床边、窗帘边等；应远离易燃、易爆物品。

2014 年 12 月 15 日零时 20 分左右，江南长垣县皇冠 KTV 发生火灾。火灾事故共造成 11 人死亡，24 人受伤。导致事故的原因是电暖器近距离高温烘烤违规大量放置的具有易燃易爆危险性的罐装空气清新剂，导致空气清新剂爆炸燃烧引发火灾。

2015 年 12 月 14 日凌晨，无锡一名 10 岁男孩独自在家过夜时，因取暖器过热点燃沙发，男孩不幸命丧火场。

（3）不用或离人时，应立即切断电源。

2014 年 1 月 11 日，云南香格里拉县独克宗古城“如意客栈”经营者唐英，在卧室内使用五面卤素取暖器不当，入睡前未关闭电源，五面卤素取暖器引燃可燃物引发火灾。烧损、拆除房屋面积 59 980.66 平方米，直接损失 8 983.93 万元。

（4）电热丝取暖器要严防与水和金属接触，防止造成短路火灾。很多家庭为了避免老人和小孩感冒，会把取暖器产品放置在浴室中，但并不是所有的取暖器都可以在浴室使用，如果产品本身没有防水功能，就很容易造成事故。

2014 年 12 月，山东一名 12 岁男孩在家洗澡时，为取暖在卫生间使用电暖器，导致触电事故。

7. 饮水机

饮水机因使用方便、价格便宜等特点，是当前家庭生活中常见的饮水设备。但是饮水机也会由于电热元件短路、线路老化等原因引发火灾。

（1）应购买正规厂家生产的合格的饮水机，不要购买假冒、伪劣以及不合格的产品。

（2）家中无人或晚上不用时，要将电源开关关闭。

（3）发现饮水机内饮用水用完时，要及时关闭电源，及时补充新水，否则会因长时间干烧导致饮水机的加热器产生大量热量，引发火灾。

2004年7月，某大学学生宿舍发生火灾，房间内的财物被烧毁。经调查，起火的原因是房间内的饮水机中已没有水，但仍继续通电工作，造成饮水机发热而发生火灾。

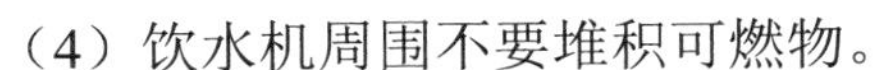

（4）饮水机周围不要堆积可燃物。

（5）发现故障不能自行拆开饮水机，应找专业维修人员修理。

（二）电器火灾事故的应对

1. 断电灭火

电器着火千万不能先用水救火，因为电器一般来说都是带电的，而泼上去的水是能导电的，用水救火可能会使人触电，而且还达不到救火的目的。发生电器火灾，只有确定电源已经被切断的情况下，才可以用水来灭火。在不能确定电源是否被切断的情况下，可用干粉、二氧化碳、四氯化碳等灭火剂扑救。如果是导线绝缘层和电器外壳等可燃材料着火，可用湿棉被等覆盖物封闭窒息灭火。

2. 电视机和计算机着火扑救

如果电视机和计算机着火，即使关掉电源，拔下插头，它们的荧光屏和显像管也有可能爆炸。电视机或计算机发生冒烟起火时，应该马上拔掉总电源插头，然后用湿毛毯或湿棉被等盖住，这样既能有效阻止烟火蔓延，一旦爆炸，也能挡住荧光屏的玻璃碎片。注意切勿向电视机和计算机泼水或使用任何灭火器，因为温度的突然降低，会使炽热的显像管立即发生爆炸。此外，电视机和计算机内仍带有剩余电流，泼水可能引起触电。

灭火时，不能正面接近它们，为了防止显像管爆炸伤人，只能从侧面或后面接近电视机或计算机。

2001年深冬一个夜晚，浙江常山县一老人在家看电视，突然发现电视机后面冒出一股白烟，老人手忙脚乱，在没有切断电源的情况下，向冒烟的电视机浇了一瓢凉水，电视机遇水发生强烈爆炸，将3米高的房顶炸开1米见方的天窗，老人也在爆炸中身亡。

3. 火扑灭后，必须及时打开门窗通气

未经修理，不得接通电源使用，以免发生触电事故和火灾事故。

三、触电事故的防范与应对

（一）触电事故的防范

现代每个家庭中各种家用电器品种繁多，预防触电事故显得极为重要。居家成员要普及用电安全知识，全面了解预防触电的各项措施。

（1）加强对家人用电的管理和安全教育，要懂得安全用电常识，严禁触摸金属裸露部分，即使在低电压情况下也不能例外，养成良好的用电习惯。应定期检查用电器具是否意外带电，以防触电。

（2）教育家人雷雨天不要站在高墙上、树木下、电杆旁或天线附近。教育儿童不要玩电线、灯头、开关、插座等电器设备，不在电器附近玩耍，不爬电杆或摇晃电杆拉线。

某小学 6 年级学生余某某星期六与同学一起到一水塘边玩耍，余某某突然提出要上水塘边的电线杆上掏鸟窝，不顾其他同学的劝阻便开始徒手攀登电线杆，爬至杆顶后触电，直到导线烧断，人才从电杆上掉下来，当场死亡。

（3）不要用潮湿的手脚去触及用电器具，如灯头、灯管等。不用湿布、湿纸擦拭电器，不能用湿手更换灯泡、灯管。

2010 年 5 月，福建省某社区一年轻女子在她洗完澡准备去关喷头的水阀时，手被水阀电了一下。一触电，她就放开了手中的喷头，但喷头却直接垂挂到她的身上，带电的金属外壳让她感觉浑身麻痹并不停颤抖。就在她意识即将模糊的危急关头，在客厅的男友闻声赶到，奋不顾身地冲上去，直接用手就抓起了喷头，但是却被带电的喷头电倒在地，昏迷不醒。女友得救了，男友却被送往医院后抢救无效死亡。

某日，杨某发现卫生间内的灯泡坏了，没有拉开室内闸刀，便赤脚站在地面上更换灯泡，因手上有汗，造成触电身亡。

（4）使用各种电气设备时应严格遵守操作制度，不得将三线插头擅自改为二线插头，也不得直接将线头插入插座内用电。

（5）尽量不要带电工作，特别是在危险场所（如工作地很狭窄工作地周围有电压在 250 伏以上的导体等）。如果必须带电工作时，应采取必要的安全措施（如站在橡胶毡上或穿绝缘橡胶靴，附近的其他导电体或接地处都应用橡胶布遮盖并需要有专人监护等）。

（6）在检修电路、安装灯泡时，要踏在具有绝缘性能的木椅上，最好能穿上胶鞋。电线破损、电线接头修补必须用绝缘胶布，不准用普通胶布。

（7）不能靠近断线落地的高压线，不能接触断线落地的电线。应与电线落地点保持 8 米以上的安全距离。

某日，胡老太太外出回家，发现自家的接户线断落在地面上，胡老太太用手去捡，手触碰到断线的带电部位，触电死亡。

（8）不能在高压线路附近放风筝、钓鱼、搭建帐篷和建房。

某日，李某某去钓鱼，在一鱼塘“高压危险禁止钓鱼”安全警示标志附近，竖起 6.3 米长的钓鱼竿，钓鱼竿触碰到上方 110 千伏线路，李某某顿时浑身衣服着火，经医院抢救无效死亡。

（二）触电事故的应对

发现有人触电后要及时抢救并立即拨打报警、急救电话。人触电后不一定立即死亡，会出现神经麻痹、呼吸中断、心脏停博等症状，很多人因为惧怕触电者身上带电或者以为其已经死亡而没有实施急救，其实只是触电者陷入昏迷状态而已。只要现场抢救及时、方法得当，人是可以获救的。据统计资料显示，触电后 1 分钟内救治触电者，90% 有良好效果；触电后 12 分钟开始救治，救活的可能性就很小了，所以及时急救至关重要。

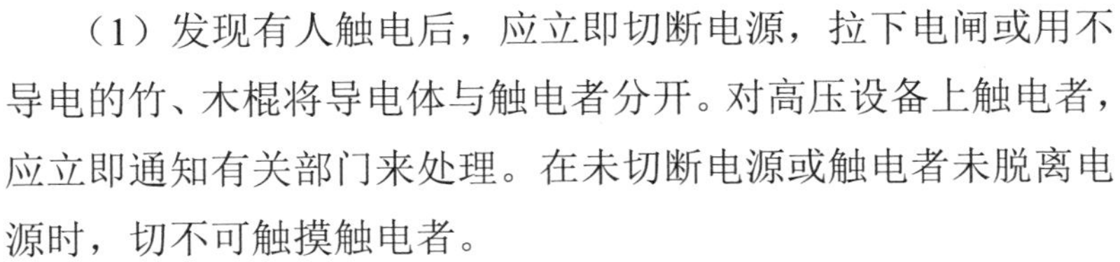
（1）发现有人触电后，应立即切断电源，拉下电闸或用不导电的竹、木棍将导电体与触电者分开。对高压设备上触电者，应立即通知有关部门来处理。在未切断电源或触电者未脱离电源时，切不可触摸触电者。

2003 年，云南某村一名 5 岁的男孩玩耍时用手抓住低压电线，立刻被电吸住。分别为 11 岁和 14 岁的两个小伙伴见状，忙上前拉住他，结果 3 人全部触电倒地。一名过路的男孩见状立即找来一根木棒把电线挑开，同时拨打“120”求助，3 个小孩才脱离生命危险。

（2）触电者脱离电源后，伤势不重者可使其平卧，解开领扣和缚身的束带，严密观察并请医生前来诊治或将伤者送往医院。

（3）触电者伤势较重，已失去知觉，但还有心脏跳动和呼吸，应使触电者舒适、安静地平卧，周围不围人，使空气流通，解开他的衣服以利呼吸。如天气寒冷，要注意保暖，并速请医生诊治或送往医院。

（4）如果触电者伤势严重，呼吸或心脏跳动停止，或二者都已停止，应立即施行心肺复苏，进行拳击复苏或口对口的人工呼吸并进行心脏胸外挤压，直至触电者呼吸和心跳恢复为止。应当注意，急救要尽快地进行，不能只等医生的到来。在送往医院的途中，也不能中止急救。

（5）处理电击伤时，应注意触电者有无其他损伤。如触电后弹离电源或自高空跌下，常并发颅脑外伤、内脏破裂、四肢和骨盆骨折等。如有外伤、灼伤均需同时处理。

四、电磁辐射的防范与应对

（1）别让电器扎堆。在使用家电时，不要把家用电器摆放得过于集中或经常同时使用，特别是电视产品、计算机、电冰箱不宜集中摆放在卧室里，以免使自己暴露在超剂量辐射的危险中。

（2）勿在计算机后停留。计算机的摆放地位很重要。尽量别让屏幕的背面朝着有人的地方，由于计算机辐射最强的是背面，其次为左右两侧，屏幕的正面反而辐射最弱。

（3）用水吸电磁波。室内要维持良好的劳动环境，如舒服的温度、干净的空气等。水是吸收电磁波的最好介质，可在计算机的周边多放几瓶水。不过，必须是塑料瓶和玻璃瓶的才行，绝对不能用金属杯盛水。

（4）及时洗脸、洗手。计算机荧光屏外存在着大量静电，其集合的灰尘可转射到脸部和手部皮肤的裸露处，易发生斑疹、

色素沉着，严重者会患上皮肤病等，因此，使用计算机后应及时洗脸、洗手。

（5）接手机别急。手机正在接通瞬间及充电时通话，开释的电磁辐射最大，因此，最好在手机响过一两秒后接听。充电时不要接听电话。

（6）避免长时间操作。各种家用电器都应尽量避免长时间操作。当电器暂停使用时，最好不要让它们处于待机状态，因为此时可产生较微弱的电磁场，长时间待机也会产生辐射积累。

（7）保持一定的安全距离。如眼睛离电视荧光屏的距离，一般为荧光屏宽度的5倍左右，同时注意不要长时间紧盯屏幕 。微波炉在开启之后要离开至少1米远，孕妇和小孩应尽量远离微波炉；手机在使用时，应尽量使头部与手机的距离远

一些。

（8）补充营养。长期操作计算机者应多吃些胡萝卜、白菜、豆芽、豆腐、红枣、橘子以及牛奶、鸡蛋、动物肝脏、瘦肉等食物，以补充人体内维生素A和蛋白质。还可多饮茶水，茶叶中的茶多酚等活性物质有利于吸收与抵抗放射性物质。

用火事故防范与应对

火是物质燃烧过程中散发出光和热的现象，是能量释放的一种方式，火给人类带来文明进步，但失去控制的火，却是人类的敌人，会给人类造成灾难。家庭是充满温馨、欢乐的地方，人人都希望家庭平安、幸福，家庭生活离不开火。然而，如果家庭成员缺乏用火安全常识，一旦发生火灾，就可能造成巨大损失，甚至会酿成家破人亡的惨剧。因此居家安全，每个家庭成员要从自己做起，做好家庭用火安全工作，防患于未然。

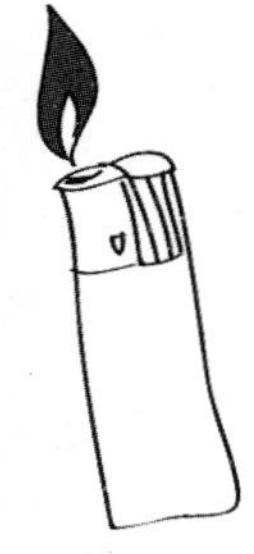

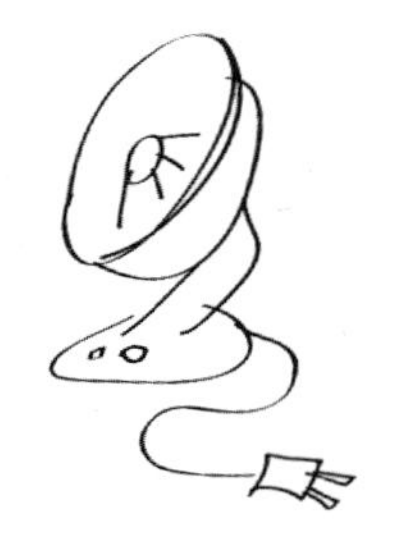

一、居家用火引发火灾事故分析

引发居家火灾的原因多种多样，例如吸烟不慎、炊事用火、取暖用火、儿童玩火、放火、燃放烟花爆竹等这些都是常见的引发火灾的原因。

（一）明火

家用的常见明火主要包括火炉、火盆、电炉、取暖器等，

它们是家庭中的常见热源，如果使用不当、疏于防范，很容易引发火灾。

1994年1月10日晚，一居民用电炉取暖，他把电炉放入火桶内置于窗边后就早早地上床睡了。他家养的小猫也靠在火桶边取暖，时间一长小猫受不了酷热正想离开时被掉下床的棉被一角覆盖，小猫乱抓乱踢，把棉被抓扯到了电炉上引起燃烧，最终引燃整个房间。

（二）蜡烛照明

在家庭中，蜡烛主要用于停电时照明、祭祖和烛光晚会等，照明用的蜡烛火焰的温度为640～900℃，足以引燃家里的大部分可燃物。

1990年4月，云南普洱县宁洱镇一小孩点蜡烛照明，烛火引燃窗帘起火成灾，烧毁商铺40家，受灾居民48户，直接经济损失达175万余元。2012年5月22日，陕西一家人由于父母长期忙于生意，12岁的女孩卢欣欣（化名）常常一个人在家里过夜。她叫来小学同学依宁（化名）陪她在家住，两人半夜点蜡烛玩，睡前忘记熄灭而引发火灾，卢欣欣被烧伤，同学依宁死亡。

（三）蚊香

蚊香具有很强的引燃能力，点燃的蚊香焰心温度可能高达200～300℃，一旦遇到棉布、纸张、木材等易燃物品很容易引起火灾。

2001年6月5日晚，在江西南昌广播电视发展中心幼儿园的一间寝室中，老师点燃了3盘蚊香后离开寝室洗衣服，床架上的棉被掉下来，落在了蚊香上，被蚊香点燃引起火灾，13名三岁至四岁的幼儿在火灾中当场死亡。

（四）祭祀用火

有的家庭有在家中祭祀或在小区内烧香、焚纸祭祀的习俗。在这样的活动中都离不开用火，如燃灯、蜡烛、烧香、焚纸等。有的家庭常年摆祭台，供奉祭祀。家里烛火通明，香烟缭绕，稍有不慎，极易引发火灾。

2002年2月浙江某小区一老人早上起床后在自家客厅观音瓷像前烧香点烛，不慎引发火灾，大火烧毁这家大部分电器。2002年，郑州市一居民在家烧信，点着一封信他就去阳台上干其他事情，不料燃着的信飘到床上，烧着被褥后引发大火。

（五）吸烟不慎

吸烟不慎是引发火灾的主要原因之一，主要包括吸烟入睡、醉酒后吸烟、随地乱扔烟头、火柴梗，以及在有爆炸危险场所违章吸烟等。据统计，我国2004—2013年十年间由于吸烟引发的火灾事故就高达112 501起，平均每年1万多起！烟头的表面温度为200～300℃，中心温度达700～800℃。家里使用的衣服、床上用品、纸张、家具等的燃点只有200～300℃，未熄灭的烟头足以引起家里的可燃物着火。

2001年12月桂林市一别墅发生火灾，是由韩国房主酒后

抽烟将烟头遗留在沙发上，引燃沙发引起的。火灾使全家四口全部窒息身亡。2009 年 4 月 12 日傍晚，上海市虹口区溧阳路某小区民宅发生火灾，一名八旬老人在火灾中身亡。这位老人临睡前习惯抽上几口烟。事发时，老人躺在床上休息，家中保姆出门买东西。等保姆买东西回来时，发现老人房间火光四起，老人因吸入大量烟雾已不幸窒息身亡。

（六）燃放烟花爆竹

烟花爆竹是供人们喜庆之日燃放的一种消费品，也是家人在春节期间很喜爱的一种娱乐项目。烟花爆竹燃放时，外面的纸壳被炸碎，带火的纸屑和未燃尽的焰火会四处飞溅并随风飘落，很容易点燃可燃物，引发火灾事故。我国每年春节期间火灾频繁，其中 80% 以上是燃放烟花爆竹所引起的。

1977 年 2 月 18 日晚，新疆建设兵团某俱乐部放电影时，一名小男孩拿出名为“地老鼠”的花炮，点着花炮后，随着眼前腾起的亮光，“地老鼠”带着哨音钻进了可燃物堆里，燃起了大火，礼堂顿时变成了人间炼狱，大火持续 2 小时之久，烧死 699 人，其中 16 岁以下的少年儿童竟占了 597 人，最小的才 7 岁。2011 年 2 月 3 日 0 时 13 分许，沈阳市地标性建筑——皇朝万鑫国际大厦发生火灾。火灾使总投资近 30 亿元高 219 米的沈阳皇朝万鑫酒店大厦全部烧毁，损失惨重。火灾是由于大厦住宿人员李某、冯某某两人在大厦停车场西南角处燃放烟花而引发的。

（七）儿童玩火

儿童对闪动的火苗、跳动的火花充满好奇，不可避免地会学习大人划火柴、玩打火机、焚烧纸张书信、玩“过家家”等。有的点火烧纸、烧柴草，在野外堆烧废塑料、烧马蜂窝，还有的在黑暗处烧火柴、弹火柴梗等。据统计，2004—2013 年，十年间我国由于玩火引发的火灾事故就高达 92 116 起，平均每年 9 000 多起！

1990 年，安徽省一个村子里夏某 8 岁、5 岁的女儿和邻居家一个 7 岁的女孩在院内玩火，引起草堆着火，三个孩子被烧死，两间房屋被烧毁。1992 年 2 月，居住在北京市宣武区的一户居民家发生火灾。大火烧毁电视机、录像机、洗衣机、电冰箱及组合家具、床铺、衣物等，造成了很大的经济损失。火灾原因为该户 4 岁的儿子在爸爸外出买东西、妈妈下楼洗澡的时候，玩弄爸爸放在桌子上的打火机，玩着玩着他觉得不过瘾，便爬到床上把挂在墙上的挂历烧了起来。点燃的挂历迅速燃烧引起大火，幸亏小孩慌忙逃出免于大难。1997 年的“六一”儿童节，本应是小朋友最快乐的日子。然而某村村民陈某的女儿趁家里人不注意，拿了一只打火机钻到父亲养狗的狗棚里。出于好奇和好玩，小女孩用打火机点着了盖在狗棚上的塑料薄膜和麦柴垛，不一会儿，小女孩就被火焰团团围住，被活活烧死在狗棚里。2005 年 8 月 8 日，贵州榕江县兴华乡兴月村一小孩玩火造成火灾，导致 6 名儿童葬身火海。2014 年 1 月 8 日，广东广州市天河区一出租屋内，儿童玩火引发火灾事故，造成

2 名儿童死亡。2015 年 2 月 5 日广东义乌商品城发生的火灾，是由小孩玩火引起的，导致 17 人死亡。

二、居家用火安全防范

（一）明火安全防范

（1）明火用具在使用时应当注意与家具、窗帘等保持一定的安全间距，不要在它们周围堆放可燃物。

（2）使用电炉、电暖气、暖风机等取暖器取暖时，应避免与周围可燃物靠得太近，更不能用取暖器烘烤衣物或将衣物挂在上面，也不能用火苗直接烘烤衣物。

（3）在铺有木地板的房间内设置火炉时，火炉与木地板之

间应放置隔热、阻燃的炉盘，火炉周围应设置隔热挡板，而且要有专人看管，做到“火着有人在，火熄人再走”。

（4）烧过的炉灰要待晾凉或用水浇灭后，才可倒进垃圾箱。

（5）外出或者睡觉前应先检查炉火的安全情况，并将其封好，在确认安全无误后方可离去。

（6）电炉、电热取暖器通电使用时必须有人看管，若是停电或用完后应拔下电源插头。

（二）蜡烛使用安全防范

（1）使用蜡烛时，一定要把蜡烛放在金属制的烛台上插稳，点燃后应放在背风处和不易碰倒的地方，并远离窗帘、蚊帐、书架等可燃物。

（2）在放置汽油、煤油、柴油、酒精、烟花爆竹等易燃易爆危险品的地方，不得使用蜡烛明火照明。不要拿着燃着的蜡烛等到放置易燃易爆危险品的地方、狭窄的地方照明，也不要手持蜡烛到床底下、柜子里找东西。

（3）不要让儿童玩蜡烛，睡觉前或离家外出时要吹灭点燃的蜡烛。

（三）蚊香使用安全防范

（1）点盘香时一定要放在金属支架上或金属盘内，并且与桌、椅、床、蚊帐等可燃物保持一定的距离，不能直接放在地板、桌子上。

（2）点蚊香时，应该放在不易被人碰倒或被风吹到的地方。

（3）睡觉前最好检查一下点燃的蚊香，确保安全后，再去睡觉。

（4）如果使用电蚊香，通电的时间也不能太长，否则电热器容易烧毁从而引起火灾。

（5）有易燃液体（汽油、酒精等）和液化石油气的房间，严禁使用蚊香。

（四）吸烟安全防范

（1）吸烟者不要养成卧床吸烟的习惯，尤其是酒足饭饱之后，更不要仰靠在床上、沙发上吸烟。

（2）行动不便或下肢瘫痪的人更不能卧床吸烟。

（3）吸烟者要养成不随手乱扔火柴梗、烟头的好习惯，吸剩的烟头，要及时熄灭。

（4）在家中使用汽油、煤油、松节油和油漆等易燃可燃液体，或在接触棉花、稻草和其他纤维物质时，禁止吸烟。

（五）祭祀用火安全防范

（1）在家里做祭祀活动时，应注意家中摆设的祭台要远离可燃物，人离开时，应将燃着的蜡烛、香火熄灭。

（2）香火或蜡烛应置于金属、陶瓷等不燃材料制作的固定烛台、香炉内，周围摆放的祭品不能有任何可燃性物品，长明的烛台可用低压灯泡代替。

（3）在小区内焚纸时，应远离周围的可燃物，人离开时，应将燃着的蜡烛、香火熄灭。

（六）燃放烟花爆竹安全防范

（1）烟花爆竹燃放地点必须远离房屋、柴草垛、垃圾堆等易燃可燃物，严禁在下水道、化粪池附近燃放，也不能在家里燃放烟花爆竹，不要在加油站、飞机场、火车站、施工工地等场所附近燃放。

（2）小孩在燃放烟花爆竹时应有大人看管陪伴，遇到烟花爆竹引线点燃后不响时，不能马上跑去检查，要等 3 ～ 5 分钟，最好用水浇灭不响的烟花爆竹，防止突然爆炸伤人。

（七）儿童玩火安全防范

（1）大人要经常教育小孩，火柴、打火机等都不是玩具，不能随便玩。

（2）不要让小孩随便摆弄家里的灶具、电器以及煤气的开关等，孩子要在大人的监护下安全使用家用电器和燃气。

（3）大人要教育小孩不要在床底下或暗处划火柴、点蜡烛照明找东西等。

三、居家火灾事故应对

（一）火灾扑救

1. 普通可燃物起火扑救

家里一般的可燃物起火，如卧具、沙发、木制品等起火，

可直接用水来冷却扑灭；如果家里备有灭火器，可应用灭火器直接对火焰进行喷射灭火。也可用湿棉被、湿衣服等覆盖在起火物上灭火。

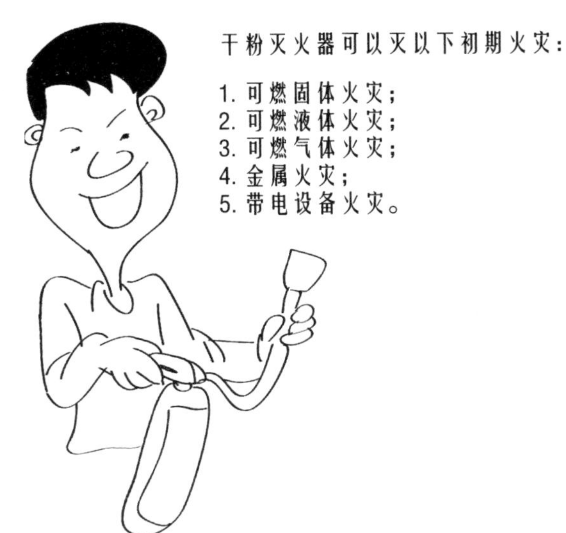

2. 家电起火扑救

家用电器设备发生火灾，要立即切断电源，然后用干粉灭火器、二氧化碳灭火器等进行扑救，或用浸湿的棉被、帆布等将火窒息。用水和泡沫扑救一定要在断电情况下进行，防止因水导电而造成触电伤亡事故。电视机起火，要特别注意从侧面靠近电视机，以防显像管爆炸伤人。

3. 油锅起火扑救

油锅着火后，切不可用水扑救。因为水比油重，而且油也不溶于水，把水倒进着火的油锅中，水就沉到锅底了。这样不但不能灭火，反面可能导致油火四处流淌或飞溅，引发更大的火灾。也不可用手去端锅，以防热油爆溅、灼烫伤人和扩大火势。油锅起火时，可迅速在油锅中倒入蔬菜或大量盐、糖等，以降低油温灭火；也可用锅盖或大块抹布盖住油锅，锅里的氧气烧尽，火也就熄灭了。

2012年2月1日18时左右，西安城南长丰园小区的唐女士在家做饭时，油锅突然起火。慌乱中，她用自来水去浇热油锅，结果火苗直接蹿起来，把她的头发烧着了。幸亏家人及时赶来，才没造成更大损失。2012年7月11日12时左右，北京朝阳区熊先生夫妇两人在门口烧了一锅油准备炸油条，家里来了熟人，一时忘记煤炉上还有油锅，导致灶上的油锅突然着火，夫妇俩立即上前扑救，慌乱之下熊先生拎了一桶水往上浇，结果，水刚碰到油锅就发出“砰”的一声爆响，两人均被热浪掀翻在地，腾起的烈焰和喷溅出的热油将两人严重烧伤。

（二）火场逃生

在家中突发火灾，如果掌握一定的火灾逃生常识和技能，在关键时刻就能救命。

1. 发生火灾后及时逃生并报警

家里发生火灾后如果火势不大要及时扑救，若发现火势较大，自己扑救困难时，应立即逃生，并到安全处拨打“119”火警电话报警。发生火灾时不要因顾及财物而错失逃生良机，逃离火场后不要为抢救财物再入“火口”。

（1）首先选择通过楼梯逃生。火灾逃生时通过楼梯逃生是

首要选择，其他途径都是万不得已的选择。逃生时先摸房门，如果门背、门把手没发热，门打开一条缝后没有热烟气冒入，就可以通过楼道、楼梯逃生。

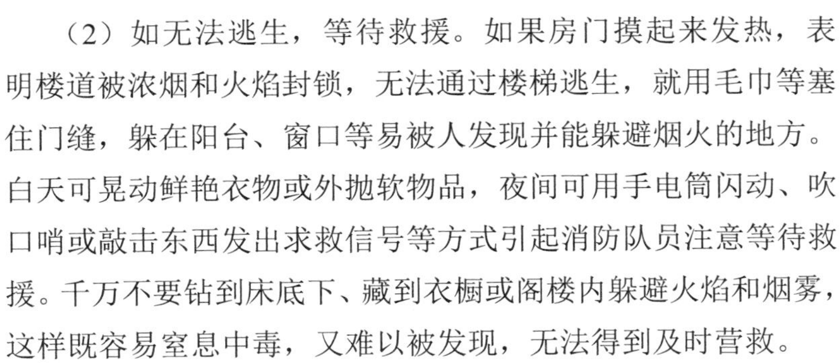

（2）如无法逃生，等待救援。如果房门摸起来发热，表明楼道被浓烟和火焰封锁，无法通过楼梯逃生，就用毛巾等塞住门缝，躲在阳台、窗口等易被人发现并能躲避烟火的地方。白天可晃动鲜艳衣物或外抛软物品，夜间可用手电筒闪动、吹口哨或敲击东西发出求救信号等方式引起消防队员注意等待救援。千万不要钻到床底下、藏到衣橱或阁楼内躲避火焰和烟雾，这样既容易窒息中毒，又难以被发现，无法得到及时营救。

1983年4月17日，哈尔滨市道里区发生火灾，共烧毁5条街道，受灾758户，死亡9人，伤14人，事发现场惨不忍睹。然而尽管火势如此猛烈，仍有几户人家没有伤亡，而且连家具都保存下来。其中一住户在6层楼上，当发现大火袭来时，已无法逃生，于是他们一家马上把阳台上的可燃物全都搬进屋里，并紧闭门窗，拿出被子、衣物等用水浸湿后堵住门缝、窗缝，

并不停地往上泼水。结果大火始终没有烧进这户人家，全家人连同家具一同躲过了这次劫难。

（3）在高层住宅里，千万不能乘坐电梯逃生。电梯井是火焰、烟雾蔓延的主要途径，乘电梯逃生，容易吸入烟气，造成窒息。另外，在火场中为了阻止火势的蔓延，人们经常会切断整个建筑的电源，并且供电梯使用的电缆也可能被火烧断，电梯一旦断电就等于断了逃生之路，所以逃生时不要乘坐电梯。

（4）逃生时防止烟气毒害。火灾燃烧时会散发大量烟雾和有毒气体，而且烟气比空气轻，一般在天花板以下沉积，在靠近地面以上的部位才有新鲜空气，所以，逃生时要注意在有烟雾的场所不能起立狂跑。

火场逃生时要注意防护，家里有消防过滤式自救呼吸器的，要佩戴消防过滤式自救呼吸器；没有的，用湿毛巾捂住口鼻，如一时找不到水，可用饮料、尿液打湿衣物代替，家里如果配备灭火毯，就把它披在身上尽量降低身姿勇敢地冲出去。

2004 年 3 月 24 日，重庆市璧山县环城路东南鞋跟厂突如其来的大火使一家 3 口被困家中，门外唯一的通道已被大火和烟雾封死，从楼道逃生的希望已破灭。此时家中没有水，儿子忽然记起学过的消防自救知识，灵机一动拿起枕头并撒尿浇湿，三人用被尿“湿”的枕头捂住口鼻，然后等待救援。最终为自己赢得了时间，成功地等到消防队员从窗口把他们救下，保住了生命。

2011 年 11 月 15 日，上海静安区高层大楼发生火灾后，几名建筑工人逃生时，当时身边找不到水，他们就用自己的尿打湿了衣服，捂住鼻子一口气冲下楼，最终幸免于难。

2. 身上着火时的救助

在火场中如果身上着火了，千万不可随便奔跑，因为奔跑时形成的风，会加大身上的火势；另外带着火乱跑，还会引起新的燃烧点。

（1）如果自己身上衣服着火，首先最要紧的是先将衣服脱掉或撕掉。

（2）如果衣服来不及脱或脱不掉，应按“站住、躺倒、打滚”3个动作要领就地灭火，打滚时用手蒙住脸部，以防烟气和热气吸入肺部。

（3）也可在别人帮助下，用湿毯子、大棉衣等把身上捂盖起来，使火熄灭或用水浇灭。

（4）如果附近有水池或浅水塘，也可直接跳入水中灭火。

3. 学会正确地报火警

我国《消防法》第三十二条明确规定：“任何人发现火灾时，都应该立即报警。任何单位、个人都应当无偿为报警提供便利，不得阻拦报警。严禁谎报火警。”发现火情及时报警是我们每个人的义务，我们一旦发现火情，要立即报警，报警越早，损失越小。报警前要冷静地观察和了解火势情况，选择恰当的方式报警，防止惊慌失措、语无伦次而耽误时间，甚至出现误报。

（1）向周围群众报警。如果发现火情应该及时地向周围的人群发出火灾警报，以便他们尽快疏散。向他们报告火警时，可采用敲锣、吹哨、喊话等方式向四周报警，动员周围人群来灭火。

（2）用手动报警按钮报警。现在很多公共建筑的安全疏散通道上都安装了手动火灾自动报警按钮，有的还配备了消防报警电话，在这种场所发现火灾，可以用力按下手动报警按钮发出火灾报警信号，启动火灾自动报警系统的警报装置。

（3）向消防部队报警。发现火情如不能及时控制要拨打“119”报警电话向消防队报警。现在很多人都会随身携带手机，发现火情能够快速报警，向消防队报警时应记住以下几点：

1）要牢记火警电话“119”，消防队救火不收费，即使暂停服务的手机也能够拨打报警电话。

2）接通电话后要沉着冷静，向接警中心讲清失火单位的名称、地址、什么东西着火、火势大小以及着火的范围。同时还要注意听清对方提出的问题，以便正确回答。

3）把自己的电话号码和姓名告诉对方，以便联系。

4）打完电话后，要立即到交叉路口等候消防车的到来，以便引导消防车迅速赶到火灾现场。

5）如果着火地区发生了新的变化，要及时报告消防队，使他们能及时改变灭火战术，取得最佳效果。

（4）假报火警是违法行为。

在不少地方都发现有个别人打电话假报火警，有的是抱着试探心理，看报警后消防车是否真的会来；有的报火警开玩笑；有的是为了报复对自己有意见的人，用报警方法搞恶作剧捉弄对方。假报火警属于妨害公共安全的行为。

每个地区所拥有的消防力量是有限的，因假报火警而派出车辆，必然会削弱正常的值勤力量。如在这时某单位真的发生火灾，就会影响消防部队正常出动和扑救，造成不应有的损失。

根据《消防法》第六十二条中对“谎报火报”的规定，依据《中华人民共和国治安管理处罚法》中第二十五条规定的扰乱公共秩序、妨碍公共安全，尚不够刑事处分的，处五日以上十日以下拘留，可以并处五百元以下罚款；情节较轻的，处五日以下拘留或者五百元以下罚款处罚。

专家提示

报警示例：

您好！这里是 119 指挥中心。

我们这里发生火灾了。

请告诉我发生火灾的具体位置。

这里的地址是 ×× 区 ×× 路 ×× 巷 ×× 号 ×× 购物中心，里面有一些家用百货着火冒烟。

里面有没有人员被困？

里面还有十几个没有跑出来的员工。

请你告诉我你的姓名和电话。

我叫 ××，电话 ××××××。

请保持电话通畅，我们将尽快赶到。

第四章 饮食安全事故防范与应对

食品安全问题，是令全球各国头痛的一大难题，同时它也是任何一个国家在食品工业处于快速发展时期中难以避免的"通病"。不管是发达国家或是发展中国家，还是落后的国家，都会不同程度地遇到食品安全的问题。世界卫生组织提供的统计资料表明，全球每年发生的食源性疾病病例超过30亿人次。在发展中国家，全球每年因食物问题引发腹泻的病例达到15亿例，其中由食物不安全造成高达300万儿童死亡。

一、引起饮食安全事故的原因

（一）食用有毒食品

从"孔雀石绿"事件开始，我们经过苏丹红鸭蛋、三鹿三聚氰胺毒奶、地沟油、瘦肉精、塑化剂、镉大米、毒豆芽、福

喜问题肉等食品安全事件。主食副食、鱼肉蔬菜等吃喝涉及的方方面面，都被爆出安全问题，一些问题食品严重威胁着人民群众的身体健康。

1998 年 2 月春节期间，山西省文水县农民王青华用 34 吨甲醇加水后勾兑成散装白酒 57.5 吨，出售给个体户批发商王晓东、杨万才、刘世春等。在明知这些散装白酒甲醇含量严重超标（后来经测定，每升含甲醇 361 克，超过国家标准 902 倍）的情况下，为了牟取暴利，仍铤而走险，置广大乡亲生命于不顾，造成 27 人丧生，222 人中毒入院治疗，其中多人失明。

2013 年 5 月，媒体披露湖南省攸县 3 家大米厂生产的大米在广东省广州市被查出镉超标。广东佛山市顺德区通报了顺德市场大米检测结果，在销售终端发现了 6 家店里售卖的 6 批次大米镉含量超标；在生产环节，发现 3 家公司生产的 3 批次大米镉含量超标。

（二）厨房中滋生的病菌

1. 冰箱中的致病菌

许多家庭都有冰箱，并习惯性地把食品放到冰箱中储藏。大多数人认为放在冰箱里的食品都可长期保存，经久不腐，其实这是一种误解。在地球上的细菌群体中，按生长、繁殖所需的温度不同可分成三大类，一是最常见的“嗜温菌”，它可在 10 ～ 45℃中生长，最适温度是 37 ～ 38℃；二是“嗜热菌”，可在 40 ～ 70℃中生长，最适温度是 50 ～ 55℃；三是“嗜冷菌”，它可在 0 ～ 20℃中生长，最适温度是 10 ～ 15℃。

温州市疾病预防控制中心对两户市民家庭的冰箱细菌数进行了抽检。实验结果显示，两户家庭的冰箱保鲜层与冷冻层里均发现了大量的致病菌，而冷冻层竟然还有没杀死的粪大肠菌群。

2. 菜板上的细菌

厨房里一年四季的温度都比较高，适合细菌滋生，菜板更是细菌的温床。

82岁的陈大伯，发烧卧床不起，被家人送入医院。医生发现，老人高烧39.7℃，已经有败血症症状，幸亏救治及时，否则有生命危险。而令医生惊讶的是，在老人血液培养中，找到的导致他发烧的原因——一种叫“猪链球菌”的细菌。猪链球菌是在猪身上的，老人为何会感染？疾控部门介入调查，最终锁定了老人家的菜板，因为他生食熟食一起用，而生猪肉污染了菜板造成了这次事件。

二、饮食安全事故的防范

改革开放以来，我国的食品供应由短缺发展到供求平衡，人们关注的不仅是吃好、吃饱，更加关心吃得健康、吃得营养。然而生活中频繁发生的“地沟油”“瘦肉精”“毒奶粉”“苏丹红”等食品安全事故让我们不得不反思食品安全问题，居家生活，我们在选购食品的时候一定擦亮眼睛，尽量规避买到或食用“问题”食品。

（一）认准食品安全常见标识，选购放心食品

如何辨别要买的食品是否合格，食品标识会起到很大的作用。

 	绿色食品标识：绿色食品标识是中国绿色食品发展中心在国家工商行政管理局商标局注册的质量证明商标，用以证明绿色食品无污染、安全、优质的品质特征
 	QS 标识：所谓 QS，是英文“质量安全”（Quality Safety）的缩写，是工业产品生产许可证标志的组成部分。获得 QS 标识是食品上架销售的前提条件，我们在正规场所购买的食品类商品应该都有 QS 标识
 	有机食品标识：使用有机食品标识的食品来自于有机农业生产体系，由专门的有机农场种植和生产、无农药、无抗生素、无污染和无激素的纯天然食品。要求灌溉水源为天然地下水，种植土壤要达到 3 年转换期要求，空气要达到一级标准，最后还要通过一系列的认证

	保健食品标识：使用此标识的食品，除了具备一般食品的营养功能和感官功能色香味形外，还具有一般食品所没有或不强调的，特定的调节人体生理活动的功能
	农产品地理标志：是指标示农产品来源于特定地域，产品品质和相关特征主要取决于自然生态环境和历史人文因素，并以地域名称冠名的特有农产品标识
	无公害农产品标识：这是只针对农产品的政府相关部门公益性认定的标识。使用此标识的产品需要保证生态环境质量，生产过程必须符合规定的农产品质量标准和规范。要将有毒有害物质残留量控制在安全质量允许范围内

（二）学会甄别问题食品

1. 毒大米

发霉变黄的陈化米经矿物油抛光、吊白块漂白等工艺加工后，变成颜色白净的“新米”，即为毒大米。

辨别方法

看价格：毒大米一般比正常新米价格便宜许多，外包装上大多没有厂址及生产日期，购买时一定要注意，不可一味贪图便宜。

辨颜色：经过简单加工的陈化米颜色明显发黄。

看形状：经过长年储存的大米比正常大米颗粒小，且比较细碎。

闻味道：如果米有霉味是肯定不能食用的。一些商贩为了掩盖霉味会添加一些香精，如闻到米有天然米香之外的其他香味，也应引起注意。

试手感：矿物油是用来抛光陈化米的主要原料，如果大米摸上去有黏黏的感觉，则很可能是加了矿物油。把大米放入水中，如水面出现油花，也能说明大米中被掺入了矿物油。

2. 面粉增白剂

人工合成的非营养物质，生产者为了让面粉看上去更白，于是在面粉中加入了过量的增白剂。过量使用增白剂，会使面粉的氧化剧烈，造成面粉煞白，甚至发青，失去面粉固有的色、香、味，破坏面粉中的营养成分，降低面粉的食用品质。若长期食用含过量增白剂的面粉及其制成品，会造成苯慢性中毒，损害肝脏，易诱发多种疾病。

辨别方法

看色泽：未加增白剂的面粉呈微黄色或白里透黄；加了增白剂的面粉呈雪白色；增白剂严重超标或加了增白剂而存放时间过长的呈灰白色。

闻气味：未加增白剂的面粉有麦香味；加了增白剂的面粉香味很淡，甚至有化学药品气味。

尝口味：未加增白剂的面粉淡甜纯正；加了增白剂的面粉微苦，有刺喉感。

3. 洗衣粉油条、馒头

有些不法商贩用洗衣粉作发酵剂，掺入面粉中，由于洗衣粉中含有碱和发酵剂，发出的馒头又白又大，炸出的油条外观很蓬松，里面也很白，人一旦食用，会出现不同程度的中毒状态，严重者会危及生命。

辨别方法

看外观：掺有洗衣粉的馒头、油条表面特别光滑，若对着光源看，依稀可见浮着的闪烁的小颗粒，这是洗衣粉中的荧光物质。

看质地：用酵母、纯碱、明矾发出的馒头，质地松软，掰开后断面呈海绵状，气孔细密均匀；而掺有洗衣粉的馒头，在断面处有大孔洞。

闻味道：正常发酵的馒头或油条，有固有的发酵或油炸香味，不正常发酵的口感平淡。

4. 泔水油

泔水是厨房餐饮的废弃物，从泔水中提炼出来的油叫作泔水油。不法商贩用来重新销售烹炒菜肴或炸制油条等。

泔水油含有黄曲霉毒素、苯并芘、砷和铅，对人体有极大危害。此外，重复加工的泔水油中还含有大量的甲苯丙醛和磷(来源于餐具洗涤剂)，会破坏人体白细胞、消化道黏膜，引起食物中毒，甚至致癌。

辨别方法

看：纯净的植物油呈透明状，无色。泔水油色泽较深，凝结不紧，有明显颗粒，呈黏稠状半流体。

闻：在手掌上滴一滴油，双手摩擦至发热，闻其气味，有臭味的就是泔水油。

尝：用筷子取一滴油，仔细品尝其味道，口感苦涩、黏腻的油可能是泔水油。

5. “瘦肉精”猪肉

饲养者为了提高猪的瘦肉率，将“瘦肉精”加入饲料中。食用过量“瘦肉精”的猪被屠宰后流入市场。

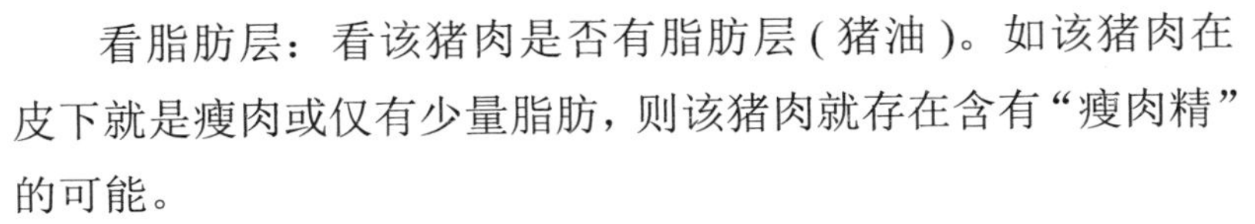

辨别方法

看脂肪层：看该猪肉是否有脂肪层(猪油)。如该猪肉在皮下就是瘦肉或仅有少量脂肪，则该猪肉就存在含有“瘦肉精”的可能。

看瘦肉：含有“瘦肉精”的瘦肉外观鲜红，纤维比较疏松，时有少量“汗水”渗出，而一般健康的猪瘦肉是淡红色，肉质弹性好，肉上没有“出汗”现象。

（三）禁止食用变质和有毒食品

新鲜食物在常温下长期放置，会因腐败变质而完全失去食用价值，误食后还会引起食物中毒。食物往往通过变质产生的不同气味向人们传递着“危险！有毒！”“请勿食用”等信息。

1. 禁止食用发出酸臭味的食品

富含碳水化合物类食物，例如粮食、蔬菜、水果、糖类及其制品等变质时主要产生酸臭味。碳水化合物会在微生物或酶的作用下发酵变酸。米饭发馊、糕点变酸、水果腐烂就属于这类变质现象。

2. 禁止食用发霉的食品

受到霉菌污染的食物在温暖潮湿的环境下通常会发霉变质。霉菌在含碳水化合物的食物上容易生长。粮食是被霉菌损害最严重的食物，所以存放粮食一定要保持通风，以防霉菌生长。

3. 禁止食用发出腐臭味的食品

富含蛋白质的食物腐败变质，主要以蛋白质的分解为特征，产生腐臭味。常见的例子如鱼肉、猪肉、鸡蛋、豆腐、豆腐干等食物变质产生腐臭味。

4. 禁止食用发出哈喇味的食品

哈喇味是脂肪变质产生的。食物中的脂肪通常容易被氧化，产生一系列的化学反应，氧化后的油脂有怪味，也就是酸败的产物。常见的肥肉由白色变黄就是属于这类反应，食用油储存不当或储存时间过长也容易发生这类变质，产生哈喇味。

5. 采用正确的方法烹饪有毒食材

蔬菜种类很多，植物性的食物中含毒素较为普遍，几种常见的可引起食物中毒的食材在家中烹调时应注意避免。豆类、蘑菇等有毒食材，在家做烹饪菜时一定要采取正确的方法，切不能粗心大意。烹调方法不当、加热不透、毒素未能彻底破坏等都是中毒原因。为防止中毒，在加工菜豆时一定要翻炒均匀，充分加热，煮熟焖透。

（四）正确使用冰箱储存食物

（1）要尽量吃新鲜的食品。对于鲜肉，可以将整块的肉预先分成适量的小块，分盛于带盖的食品盒内或双层（两只）塑料保鲜袋中。这样不仅食用时方便，可根据需要用几包拿几包，不影响其他，而且还能提高肉的冻结速度，保证肉质良好。

（2）要合理安排冰箱内的食物摆放，不可生熟混放在一起，不能太满，要通风透气，熟食在上，生食在下。即使是肉类熟

食，从冰箱里拿出来再加工时也不能简单一热了事，无论原来的包装是否完好，都应该充分煮熟、煮透。

（3）食品放在冰箱里（包括冬季在自然环境下）冷藏的时间不能太久。储存在冰箱里的陈年旧货，会产生酶、菌和亚硝胺等，可能致癌。因此，肉类食物在冷冻室里储存时间不要超过 3 个月，鱼类食物储存时间要再短一些。

（4）冰箱中取出的熟食必须回锅，因为冰箱内温度只能抑制微生物的繁殖，而不能彻底杀灭它们。低温下许多微生物仍然有存活的可能，因此保存时间也不宜过长。一般家畜肉在−1 ～ 1℃可保存 3 ～ 7 天，−18 ～−10℃可保存时间较长，通常为 1 ～ 2 个月。建议冷藏室温度不低于 4℃，冷冻室不低于−17.5℃。

（五）正确使用菜板

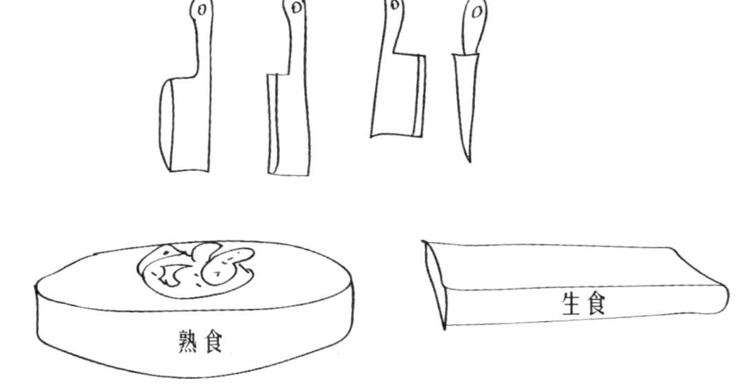

家庭中的菜板一定要注意生熟分开，防止交叉污染，而且要经常消毒。

（1）物理杀菌法：先在清水下用硬刷子将菜板的表面和每

一个缝隙洗刷干净，然后用刚烧开的水将菜板冲几遍，这样基本上就可以杀死病菌了。

（2）生物灭菌法：大葱切成段，生姜切成片，用剖面擦菜板，最后再用热水将菜板冲洗几遍。大葱和生姜里面含有植物抗生素，不但有杀菌的作用，还有除怪味的效果。

（3）化学灭菌法：在菜板上洒点醋，把醋均匀涂抹开，放在阳光下晒干，然后边用清水冲边用硬刷刷，可除菌、祛异味。

（4）撒盐杀菌法：用刀刮一刮菜板，把上面的残渣刮干净，然后每隔六七天在菜板上撒一层盐，可以防止细菌的滋生，还可以防止菜板干裂。

（5）阳光暴晒法：把菜板直接拿到太阳光底下进行暴晒，不仅可以杀灭菜板上的细菌，还可以保持菜板的干燥。

（6）侧立法：菜板不用时应侧立着放。让菜板保持干燥，是防止细菌滋生的好方法。

三、食物中毒的应对

食物中毒是指摄入了含有有毒有害物质的食品或者把有毒有害物质当作食品摄入后出现的急性或亚急性疾病。这是一类经常发生的疾病，会对人体健康和生命造成严重损害。食物中毒的特点是潜伏期短、突然地和集体地暴发，多数表现为肠胃炎的症状，并和食用某种食物有明显关系，没有传染性。平时我们通常指的食物中毒有细菌性食物中毒、有毒动植物中毒、化学性食物中毒。而在各类食物中毒中，细菌性食物中毒最多

见，占食物中毒总数的一半左右。细菌性食物中毒具有明显的季节性，多发生在气候炎热的季节。

（1）出现脱水症状时要到医院就医。用塑料袋留好呕吐物或大便，带着去医院检查，有助于诊断。

（2）不要轻易地服用止泻药，以免贻误病情。如病情较轻，可让体内毒素排出之后再向医生咨询。

（3）催吐：进餐后如出现呕吐、腹泻等食物中毒症状时，可用筷子或手指刺激咽部帮助催吐，排出毒物。也可取食盐20克，加开水200毫升溶化，冷却后一次喝下，如果不吐，可多喝几次。但因食物中毒导致昏迷的时候，不宜进行人为催吐，否则容易引起窒息。

（4）导泻：如果进餐已过较长时间，超过2～3小时，而且精神较好，则可服用些泻药，促使中毒食物和毒素尽快排出体外。可用大黄30克煎服，老年患者可选用元明粉20克，用开水冲服，即可缓泻。对老年体质较好者，也可采用番泻叶15克煎服，或用开水冲服，也能达到导泻的目的。

（5）解毒：如果是吃了变质的鱼、虾、蟹等引起食物中毒，可取食醋100毫升，加水200毫升，稀释后一次性服下。此外，还可采用紫苏30克、生甘草10克一次煎服。若是误食了变质的饮料或防腐剂，最好是用鲜牛奶或其他含蛋白的饮料灌服。

（6）卧床休息，饮食要清淡，先食用容易消化的流质或半流质食物，如牛奶、豆浆、米汤、藕粉、糖水煮鸡蛋、蒸鸡蛋羹、馄饨、米粥、面条，避免有刺激性的食物，如咖啡、浓茶等含有咖啡因的食物以及各种辛辣调味品，如葱、姜、蒜、辣椒、胡椒粉、咖喱、芥末等，多饮盐糖水。上吐下泻腹痛剧烈者暂时禁食。

（7）出现抽搐、痉挛症状时，马上将病人移至周围没有危险物品的地方，并取来筷子，用手帕缠好塞入病人口中，以防病人咬破舌头。

（8）如症状无缓解的迹象，甚至出现失水明显，四肢寒冷，腹痛腹泻加重，极度衰竭，面色苍白，大汗，意识模糊，说胡话或抽搐，甚至休克，应立即送医院救治，否则会有生命危险。

（9）当出现脸色发青、冒冷汗、脉搏虚弱时，要马上送医院，谨防出现休克症状。一般来说，进食短时间内即出现症状，往往是重症中毒。小孩和老人敏感性高，要尽快治疗。食物中毒引起中毒性休克，会危及生命。

第五章

用药安全事故防范与应对

随着我国社会经济的飞速发展，自我保健意识的提高，家庭用药逐渐普及，很多家庭针对一些小伤小病都会选择自己购买药品，不仅方便实惠，而且可减少在医院看病时等待的时间。但很多人往往对自己、疾病和药品的知识一知半解，常常把维生素类、抗生素类、解热镇痛药类等看成安全药，滥用药物以至于造成身体损伤。有关资料显示，我国家庭不合理用药占用药总量的三分之一以上。药品是一种特殊商品，没有绝对安全的药，如果使用得当是良药，可以治病，但如果使用不当则成毒药，会造成严重后果。

一、引起用药安全事故的原因

（一）药物过敏

药物过敏也叫药物变态反应，是因用药引起的过敏反应。过敏反应是一类不正常的免疫反应。免疫反应的异常，无论是过强或过弱，对身体都是不利的，会引起一系列的病变；由药物引起的这种情况就是药物过敏。常表现为皮肤潮红、发痒、心悸、皮疹、呼吸困难，严重者可能出现休克或死亡。

马某一向喜欢吃动物内脏。半个月前，他出现了关节痛，医生诊断为痛风性关节炎，给他开了别嘌呤醇，让他每天 3 次，每次服用 2 片。可是服用 1 天后，老马的皮肤上就出现了皮疹，2 ~ 3 日后全身出现紫红色斑，而且斑疹逐渐增多扩大，融合成棕红色的一大片，还出现松弛性大疱。此后，老马突发高热，

体温高达40℃。将他送到医院抢救时已经来不及了，事后尸检证实，老马是因服用抗痛风药引起过敏，最终死于多器官衰竭。

（二）药物中毒

用药剂量超过极限而引起的中毒。误服或服药过量以及药物滥用均可引起药物中毒。常见的致中毒药物有西药、中药和农药。或者误服大剂量药物，或治疗中错用、误服药物或服用变质药物，或药物配伍失度等所致的中毒。家庭中发生药物中毒，大多是在短时间内服用大量药物造成的。

据英国媒体消息，过去3年内，因酒精中毒和药物滥用被送往英国皇家博尔顿医院进行救治的孩子多达几百名，其中包括几个月大的小婴儿和十几岁的青少年。

据英国《博尔顿新闻报》(The Bolton News) 的统计显示，大部分孩子是因为酒精或药物中毒入院，其中包括酒精、药品

使用过量或服用违禁药品等。

在这些孩子中，9 名 12 岁以下及数百名青少年入院时表现出不同程度的酒精中毒；9 名 1 岁以下的婴儿和 100 多名 1 岁到 2 岁的孩子药物中毒。同时还有超过 70 名 3 岁到 10 岁的孩子和几百名青少年因药物滥用接受了急救。

二、用药安全事故的防范

（一）正确储备家用药物

普通家庭掌握的疾病和药物知识有限，用药水平不高，因此一旦患病，建议及时到医院就诊。家庭药箱主要是应急和治疗一些常见的小伤小病。因此，建议遵循下列原则来构建自己的家庭药箱。

1. 选择常用的非处方药物

非处方药物是经医药学专家遴选，认为老百姓根据说明书或药师的口头指导即可以安全应用的药物。当然对于个别处方药物如胰岛素，通过医护人员培训，患者可以在家庭中完成治疗。其他处方药物尤其是注射剂是不能在家庭药箱中出现的。

2. 根据家庭成员情况存储药品

尽量选择单一品种，选择应用方便的药物剂型，储备最少量药品。家中有儿童，可以储备一些退热药和止咳药，还可以备些健胃消食中成药；家中有老年人，特别是有冠心病、心绞痛等患者，要准备硝酸甘油等急救药。口服制剂、喷雾剂以及

外用药品是家庭药箱的首选剂型，不宜选用注射剂。婴幼儿服药困难，可以选择直肠栓剂，如退热栓等。药箱的储药量一定要少，以免造成浪费。例如，硝酸甘油一旦开启密封，3个月以后就不能保证药效了。

3. 药物选择要根据季节变化而更新

中药一般有其特定的适应证和适应季节，不能一成不变地服用。例如，感冒常备的感冒清热冲剂、银翘解毒片（丸）和藿香正气丸（胶囊、水）等。感冒清热冲剂是针对外感风寒内有伏热的感冒，这种感冒大多在冬天发生；银翘解毒片（丸）是针对外感风热的感冒，大多在春天发生；藿香正气丸（胶囊、水）主要针对夏秋外感寒邪、内伤湿滞的患者。

4. 正确存放药物

有的药品对保存条件是有一定的要求的，如要求做到避光、防湿、防热、密封，药品最好装在深色或棕色瓶内，置于干燥通风处，拧紧瓶盖。平时服药前一定要注意药品出厂日期及有效日期。如药品出现变色、霉变、变味和超过有效日期，就应弃之不用。

5. 配备家庭急救药箱

家庭急救药箱的内容应视家庭人口多少与家庭成员健康状况而定，以简单、实用为原则，品种要少而精。通常应备的物件有：体温表、纱布、绷带、小剪刀、镊子、脱脂棉、胶布、碘酒（碘伏）、酒精、创可贴、解痛膏、云南白药、烧伤膏、滴眼液等。家中有糖尿病、高血压患者除了药物外还应配备血压计、血糖仪等医疗器械，有突发心梗危险的人群准备硝酸甘

油、速效救心丸等。

温馨提示

家庭购药不宜求新

有的人认为新药才是疗效好的药，特别是慢性病患者，总希望从新药中寻求立竿见影的效果。但一般来说，临床上对新药和刚进口的药的实际效果和毒副作用的观察时间不长，有一个探索、实践检验的过程，其中一部分可能经不起考验而被淘汰，所以不能盲目迷信新药。

（二）正确服用药物

（1）在用药前，首先明确诊断，不要在病情未搞清前，采用多种药物围攻，以为总有一种药物会产生效用，这样易出现不必要的药物反应。

（2）对所用药物的成分、性能、适应证、禁忌证、副作用、配伍禁忌等应全面熟悉掌握，做到不滥用、错用、多用药物。

（3）用药前应详细询问患者有无药物过敏史，特别是对有过敏性体质者更不可忽视。对有过药物过敏反应者，应注意交叉敏感或多源性敏感反应的发生。

（4）用药应有计划性，剂量不宜过大，种类不宜过多，时间不宜过久，并定期观察，特别是应用有一定毒性的药物，如免疫抑制剂、抗癌药物等，更应严密观察，经常检查血象等。

（5）某些器官有功能障碍时，常对某些药物不耐受，如

患肾病者需慎用重金属药物。

（6）在用药期间应注意一些警告症状或不耐受现象，如皮肤瘙痒、红斑或发热等，一旦出现应考虑立即停药。

（7）凡已发生过敏性药物反应者，每次就诊时都主动将其告知医生，以免再次误用。

专家提示

药品说明书上“慎用”“忌用”和“禁用”的理解

这三个词主要是嘱咐吃药的人要注意，不能乱吃。三词虽只有一字之差，但警示的轻重程度却大不相同。

“慎用”提醒服药的人服用本药时要小心谨慎。就是在服用之后，要细心地观察有无不良反应出现，如有就必须立即停止服用；如没有就可继续使用，而不是说不能使用，比如哌甲酯对大脑有兴奋作用，高血压、癫痫病人应慎用。

“忌用”，比“慎用”进了一步，已达到了不适宜使用或应避免使用的程度。标明“忌用”的药，说明其不良反应比较明确，发生不良后果的可能性很大，但人有个体差异不能一概而论，故用“忌用”一词以示警告，比如患有白细胞减少症的人要忌用苯唑西林钠，因为该药可减少白细胞。

“禁用”，这是对用药的最严厉警告。“禁用”就是禁止使用，比如对青霉素有过敏反应的人，就要禁止使用青霉素类药物；青光眼病人绝对不能使用阿托品。

三、用药安全事故的应对

（一）药物过敏事故的应对

（1）一旦发生过敏反应，要立即停用可疑药物，加强排泄，酌情采用泻剂、利尿剂，促进体内药物的排出，尽快去医院及时诊治。

（2）如果过敏反应轻微，家中又备有抗过敏药物，可按说明书指示的用法立即使用。

（3）如果患者出现胸闷、气短、面色苍白、出冷汗、手足冰凉、血压下降等表现，应立即送医院。

（4）在去医院之前，要迅速设法让患者就地平躺，让头偏向一侧，解开衣扣，确保呼吸通畅，若能采取一些简单的急救措施，如清除口鼻内分泌物、吸氧，则更利于缓解病情。

（二）药物中毒事故的应对

家庭药物中毒（包括药物、有机磷农药、灭鼠类药物、化学毒物等）在送到附近医院进行抢救前，应采取以下几种措施。

（1）应该迅速查明是何种药物，找到原始的药瓶或药物说明书。

（2）立即催吐。用筷子压住中毒者的舌头，刺激舌根及咽部，使其呕出刚服下的药物，此时头应偏向一侧，以防呕吐物吸入气管引起窒息。

（3）大量饮水。若病人清醒能饮水，可立即让其饮大量温开水，然后再催吐，使胃中残留的药物减少到最低程度。

（4）立即将中毒者送往医院救治。送医时，要带误服的药物、药袋或剩余的药物样品，以便医生迅速地、针对性地采取急救排毒措施，为进一步抢救赢得宝贵时间。

家庭网络安全事故防范与应对

随着科技的进步，互联网的发展给我们的生活和工作带来了巨大的便利，互联网与我们的家庭、生活越来越密切，我们日常的学习、购物、打车、转账、交费等都可以在电脑或手机上就完成，但就在我们享受着互联网给我们的生活带来的诸多便利时，电脑、手机、网上银行也给我们等带来了潜在的危险。近年来，电信诈骗、银行卡被盗刷、个人信息泄露等事件屡屡发生，如不提高网络安全防范意识，加强网络安全防护，也许我们就会成为不法分子的下一个“肉鸡”。

一、常见的家庭网络安全事故

（一）电信诈骗

近年来，随着我国通信业及金融业的迅速发展，各种各样的远程电信诈骗犯罪案件也不断滋生，严重危害着老百姓的生活。特别是近两年来，以虚假信息为诱饵进行的诈骗犯罪在我国迅速的蔓延，犯罪分子借用手机、固话及现代网银技术实施的非接触式的诈骗犯罪已经成为社会一大公害，严重影响了社会治安，给人民群众财产安全造成巨大危害。

2008 年 12 月 11 日，家住松阳县西屏镇环城西路 115 号的受害人李某收到一银行卡消费短信，受害人同短信内所留电话联系，后在 12 月 12 日被对方以唱“三簧”方式从银行转账骗走其工商银行卡内现金 43 000 元。

2011 年 3 月 23 日上午 9 时 15 分，受害人李某某到警局

报警：称自己上午8时20分许接到一个电话，对方是一男的，自称是小孩学校老师，说受害人小孩大出血到医院急救了，现在要往医院内的账号内存钱，受害人接电话后惊慌失措，就往对方提供的账号内存了9 000元现金，后发现被骗。

2016年8月19日，山东临沂女孩徐某某接到一通要给她发助学金的171号段电话，她信以为真，结果被骗走9 900元学费。徐某某意识到家人省吃俭用积攒下的学费被人骗走后，伤心欲绝。在和家人到派出所报案回来的路上，这个即将步入大学的女孩心脏骤停，最终抢救无效死亡。

（二）家庭Wi-Fi网络非法入侵

随着互联网技术不断地进步和发展，无线Wi-Fi走入了大众家庭，据统计，全球有超过四分之一的互联网用户在家使用Wi-Fi上网，不过其中许多人并不清楚该如何保护家庭网络以致给我们的无线网络带来各种各样的安全隐患和威胁。当数据通过不安全的Wi-Fi网络进行传输时，您所发送或接收的数据都有可能被附近人拦截。周围邻居也可能利用您的 Wi-Fi 网络上网从而降低您的网速，黑客也会通过无线网络盗取用户重要信息。

2016 年 3 月 15 日央视一套 3·15 晚会现场上演了一场令人印象深刻的真人秀，由专业网络安全工程师充当的黑客伪装了晚会演播室的免费 Wi-Fi，500 余名观众当场自拍，并在不知不觉中通过黑客的 Wi-Fi 热点在朋友圈发照片。不可思议的是，现场观众刚刚拍摄的照片和手机绑定的邮箱密码居然全部出现在了舞台后方的大屏幕上。

（三）智能家电被远程操控

智能家居的出现给用户带来便利，大大改善了人类的生活；但智能家居的背后也隐藏着不少的安全问题，如敏感数据被盗导致个人隐私泄露、智能家居系统被非法入侵等情况。如知名的厂商贝尔金由于产品中签名漏洞等问题导致旗下多款

产品被黑客入侵，甚至儿童监视器也被黑客入侵成了窃听器。

“远程操控”一个高科技、高技术的词语，但在2016年3·15晚会上，却给人带来丝丝寒意与恐怖气息。当黑客能轻松地利用网络攻破一些智能家用产品的安全防线，也就成为真正的幕后操控者轻易就能获取你的隐私。如今，家电厂商正迈向智能家居领域，家电厂商原始家底雄厚，转向智能家居领域能进一步拓展盈利空间。不过，稍不留神也可能成为智能家居安全问题的牺牲品，从此万劫不复。

（四）计算机被非法侵入

随着计算机网络技术的快速发展，网络应用已深入千家万户，网上娱乐、网上缴费、网上购物等成为人们生活中不可或缺的部分。由于家庭计算机用户安全意识缺乏，从而带来了众多的安全隐患，不仅影响网络稳定运行和用户正常，而且还有可能造成经济方面的重大损失。

2005 年 6 月 17 日报道，万事达信用卡公司称，大约 4 000 万名信用卡用户的账户被一名黑客利用计算机病毒侵入，遭到入侵的数据包括信用卡用户的姓名、银行和账号，这都能够被用来盗用资金。如果该黑客真的用这些信息来盗用资金，不但会侵犯这些信用卡用户的个人隐私，而且将给这些信用卡用户带来巨大的经济损失。

（五）网络支付骗局

不法分子通过非法渠道获取了客户网购信息，以“退款”或“退货”为由电话联系客户要求客户加其他聊天工具，并点击其提供的“钓鱼网站”的链接。而实际上，在退货及退款环节不需要校验动态码或交易密码。

王小姐在购物网站上买了一条裤子，几分钟后收到了一个自称“店家”的电话，告知因交易失败需要办理退款，并提供了一个“客服”QQ 号码，某小姐加了 QQ 号与“客服”沟通，根据其提供的“退款链接”进入一个网站，按照客服提示输入了密码等信息，最后在收到动态码后未仔细校验便急忙填入。

之后某小姐并未收到退款，而且QQ也再联系不上那个“客服”。某小姐立即查询了银行卡余额，发现账户遭到了盗用。

陈女士经常网购。最近找到一家网店承诺购物能返100元的红包。某小姐挑选了一件500元的毛衣，并询问卖家如何获得红包。卖家给某小姐发送了一个二维码并称只要扫描该二维码，就可以获得红包。某小姐扫描后发现，红包界面并未出现。怀疑自己遇到了骗子，于是急忙联系卖家，可卖家已下线。

二、家庭网络安全事故的防范

（一）电信诈骗的防范

（1）树立防骗意识，不轻信天上掉馅饼。世上没有免费的午餐，天上更不会掉馅饼。对犯罪分子实施的中奖诈骗、虚假办理高息贷款、信用卡套现诈骗及致富信息转让诈骗要多加防范，不要轻信中奖和他人能办理高息贷款、信用卡套现或有致富信息转让，一定多了解和分析识别真伪，以免上当受骗。

（2）注意个人信息的保护。在银行办理业务、购车、购房时，注意对个人信息的保护，谨防不法分子被获取。要注意避免个人资料外泄，不要轻易将自己或家人的身份、通信信息等家庭、个人资料泄露给他人。对于家人意外受伤害需抢救治疗费用、朋友急事求助类的诈骗短信、电话，要仔细核对，不要着急恐慌，轻信上当。

（3）多作调查印证。对接到的培训通知、银行信用卡中心声称银行卡需要升级和招工、婚介类信息，要及时向本地的相关单位进行咨询、核对，不要轻信陌生电话和信息，培训类费用一般都是现款缴纳或者对公转账，不应汇入个人账户，不要轻信上当。

（4）到正规网点办理银行业务。到银行自动取款机（ATM机）存取遇到银行卡被堵、被吞等意外情况，认真识别自动取款机（ATM 机）的“提示”真伪，千万不要轻信和上当，最好打“95516”银联中心客服电话。向其人工服务台了解查问，

或与真正的银行工作人员联系处理和解决。

（二）家庭 Wi–Fi 安全防范

（1）使用 WPA/WPA2 高等级加密的机制。能够支持复杂的密码，但即使是这样，设置上网密码也不要为图方便选择短密码或纯数字组成的密码，字母 + 数字 + 特殊字符组成的复杂密码破解难度将成几何倍数增加。

（2）选择有完善安全机制的无线路由器。相较参差不齐的传统路由器，安全路由拥有双重验证防蹭网功能，在路由设置中强制采用 WPA2 高等级加密，并且强制关闭 WPS 功能修补了 PIN 码漏洞，有的安全路由还提供网址过滤、防 DNS 网页劫持等安全服务，全方位保护用户的 QQ、微信、邮箱账号密码和网银安全。

（3）关闭路由器 wps/qss（一键加密）功能。路由器的厂家为了用户方便使用，推出了这种一键加密连接，但该加密方式级别较弱，黑客可以暴力验证破解 wps/qss 的 8 位数字 pin 码，Wi-Fi 密码设置得再复杂也无济于事。

（4）使用安全软件拦截。使用路由器安全软件，检测修复路由器和 Wi-Fi 的安全问题，发现陌生可疑设备接入 Wi-Fi 及时进行拦截。

（5）不连接不认识的 Wi-Fi。连接公共 Wi-Fi 时，与现场的工作人员确认，确定是官方提供的 Wi-Fi 后再使用。在同一地区，有相同或相似名字的 Wi-Fi，很有可能有黑客搭建钓鱼 Wi-Fi。

（6）不自动连接 Wi-Fi 网络。切记手机或计算机不要开着 Wi-Fi 自动连接功能，否则一到公共场所，很容易被钓鱼 Wi-Fi 找上或连接上黑客进攻的网络。不要以为有了免费 Wi-Fi，就可以免费上网，殊不知你的信息已经被透露出去。

（7）不使用陌生 Wi-Fi 网购。在公共 Wi-Fi 下不要登录有关支付、财产等账号、密码。如需登录，将手机切换至数据流量网络。在连接虚假钓鱼 Wi-Fi 而引起钱财被盗的事件中，大多是通过连接公共 Wi-Fi 后，在手机客户端应用、网页中输入网购账号密码、个人信息等敏感数据，最终被黑客通过技术手段窃取。

（8）尽量使用加密方式发送邮件。如果必须在公共 Wi-Fi 的环境下使用邮箱，应将重要内容放在邮件附件中，并尽量为附件进行压缩加密。在使用电子邮件程序时，应勾选 SSL、POP3S 等安全选项，以确保邮件内容的安全。

（三）智能家电安全防范

（1）聘请信赖的专业人士调试设备。一些对于 IT 技术不熟悉的用户，总是请人帮忙安装网络摄像头。在这种情况下，只要对方愿意，都可以随时通过手机查看你家中摄像头拍摄的内容。或是通过扫描二维码等方式，在需要时调用你的网络摄像头。

（2）绑定单一控制设备。例如家中的摄像头，即便你不需要远程查看功能，也需要将网络摄像头绑定在自己的手机上。因为绝大多数网络摄像头都只能绑定在一个手机上，只要你不

在手机上解绑摄像头，其他应用端是无法再添加这一网络摄像头的。

（3）保护好设备的配对方式。智能家电通常在使用前都需要和家庭中的路由器、手机等网络设备进行配对，有的是靠蓝牙进行连接，有的是靠设备上的二维码等进行配对，我们在使用一个智能家电时，需要先确定该设备是全新未开封的，并保护好设备上的二维码等识别方式，以避免其他人再次添加这一设备，造成日后隐私外泄。

（4）提高家庭网络的安全性。家中无线路由器的 Wi-Fi 密码被破解，不只是被蹭网那么简单。实际上，计算机中的共享文件、NAS 上存储的文件都会变成透明的。而不少网络摄像头只要进入内网，就可以方便地通过输入 IP 地址来读取存储卡上存储的监控视频，而这一过程并不需要输入密码或用户名。如此一来，家中的动态就被“隔壁的老王”掌握得一清二楚，如果再遇上别有用心的人，那就危险了。

（5）关闭设备中不必要的功能。一些智能家电为了能够达到“智能”的效果，往往会开发出许多的新功能，但不是每个功能都是我们需要的，我们在使用的时候就可以根据我们的需求来选择关闭一些我们不需要的功能，同时也可以降低被黑客控制的风险。例如在智能电视（电视盒子）设置界面中关闭“调试”功能，避免下载使用来源可疑的第三方应用，并注意在系统版本有更新时及时升级。

（6）培养良好的使用习惯。使用智能家电业要养成良好的习惯。例如别将网络摄像头装在卧室等私密空间，一旦家中

有人，及时关闭摄像头，或将网络摄像头调到其他方向上。定时录像，可以减少不少尴尬，如你在上班外出时，摄像头开启，以保障安全，而一旦下班，家中有人，则关闭摄像头，避免私密场景被录制。

（四）计算机网络安全防范

尽管计算机网络信息安全有着潜在威胁，但是采取恰当的防护措施也能有效地保护网络信息的安全。

（1）隐藏 IP 地址。黑客经常利用一些网络探测技术来查看我们的主机信息，主要目的就是得到网络中主机的 IP 地址。如果攻击者知道了你的 IP 地址，等于为他的攻击准备好了目标，他可以向这个 IP 发动各种进攻。隐藏 IP 地址的主要方法是使用代理服务器，其他用户只能探测到代理服务器的 IP 地址而不是用户的 IP 地址，这就实现了隐藏用户 IP 地址的目的，保障了用户上网安全。

（2）更换管理员账户。Administrator 账户拥有最高的系统权限，一旦该账户被人利用，后果不堪设想。黑客入侵的常用手段之一就是试图获得 Administrator 账户的密码，所以我们要重新配置 Administrator 账号。首先是为 Administrator 账户设置一个强大复杂的密码，然后我们重命名 Administrator 账户，再创建一个没有管理员权限的 Administrator 账户欺骗入侵者。这样一来，入侵者就很难搞清哪个账户真正拥有管理员权限，也就在一定程度上减少了危险性。

（3）杜绝Guest账户的入侵。Guest账户即所谓的来宾账户，它可以访问计算机，但受到限制。不幸的是，Guest 也为黑客入侵打开了方便之门！禁用或彻底删除 Guest 账户是最好的办法，但在某些必须使用到 Guest 账户的情况下，就需要通过其他途径来做好防御工作。首先要给 Guest 设一个“强壮”的密码，然后详细设置 Guest 账户对物理路径的访问权限。

（4）删掉不必要的协议。对于家用计算机来说，一般只安装 TCP/IP 协议就够了。鼠标右击“网络邻居”，选择“属性”，再鼠标右击“本地连接”，选择“属性”，卸载不必要的协议。其中 NetBIOS 是很多安全缺陷的源泉，对于不需要提供文件和打印共享的主机，可以将绑定在 TCP/IP 协议的 NetBIOS 给关闭，避免针对 NetBIOS 的攻击。

（5）关闭“文件和打印共享”。文件和打印共享应该是一个非常有用的功能，但在我们不需要它的时候，它也是引发黑客入侵的安全漏洞。所以在没有必要“文件和打印共享”的情况下，我们可以将其关闭。即便确实需要共享，也应该为共享资源设置访问密码。

（6）关闭不必要的服务。服务开得多可以给管理带来方便，但也会给黑客留下可乘之机，因此对于一些确实用不到的服务，最好关掉。比如在不需要远程管理计算机时，我都会将有关远程网络登录的服务关掉。去掉不必要的服务之后，不仅能保证系统的安全，同时还可以提高系统运行速度。

（7）安装必要的安全软件。在计算机中安装并使用必要的防黑软件、杀毒软件和防火墙都是必备的。在上网时打开它们，这样即使有黑客进攻我们的安全也是有保证的。

（8）防范木马程序。木马程序会窃取所植入计算机中的有用信息，因此我们也要防止被黑客植入木马程序，可以在下载文件时先放到自己新建的文件夹里，再用杀毒软件来检测，起到提前预防的作用。

（9）及时给系统打补丁。操作系统的服务商在发现自己的产品存在安全漏洞时往往会编写相对应的补丁，我们在收到补丁推送时，应该及时下载补丁程序并进行安装，这是我们网络安全的基础，切不可等到“亡羊”了才来“补牢”。

（五）网络支付安全防范

（1）办理网络购物、退货、退款等业务时请认清官方渠道。不法分子通过非法渠道获取了客户网购信息，以“退款”或“退货”为由电话联系客户要求客户加其他聊天工具，并诱使客户点击其提供的“钓鱼网站”的链接。而实际上，在退货及退款环节不需要校验动态码或交易密码。

（2）谨防“山寨”应用软件。不法分子提供的二维码其实是一个木马病毒的下载地址，这种病毒被下载后，可以自行安装，并不会在桌面上显示任何图标，而是潜伏在移动终端后台中运行，用户的信息就能悄无声息地被盗取。在扫码前一定要确认该二维码是否出自正规的网站，一些发布在来路不明的网站上的二维码最好不要扫描，更不要点开链接或下载安装。

（3）警惕低价陷阱，拒绝“钓鱼网站”。不法分子会通过互联网、短信、聊天工具、社交媒体等渠道传播“钓鱼网站”，

用户一旦输入个人信息就会被不法分子窃取盗用。在信任的网站进行购物，不要轻信各渠道接触到的“低价”网站和来历不明的网站。进行支付前一定要确认登录的购物网站或网上银行的网址是否正确。

（4）慎用公共 Wi-Fi 进行支付。不法分子会在公共场所提供一个免费 Wi-Fi，用户使用后被植入木马病毒，被盗取移动终端内的银行卡信息；除此之外，不法分子会把正规网站的网址绑架到自己的非法网站上，当用户使用其 Wi-Fi 网络并输入正确网址时，会跳转到一个高度仿真的假网站，如进行网络支付，就会导致卡片信息泄露。

（5）开通验证和提醒服务，可及时掌握账户动态信息。客户根据自身情况开通各类的验证或提醒业务，及时掌握自己资金流动情况。在收到动态验证码时，请仔细核对短信中的业务类型、交易商户和金额是否正确。

（6）安装并定期更新安全类软件。用于网络支付的计算机、平板计算机、手机等工具都要安装杀毒软件，并定期查杀病毒，一旦出现有害信息，可以及时提醒和删除。安装杀毒软件和防火墙是防范计算机和移动终端受到恶意攻击或病毒侵害的有效手段，同时下载并安装由银行或正规电商提供的用于保护客户端安全的控件，保护账号密码不被窃取。

（7）为账户设置较为复杂的密码。由于目前某些中小网站的安全防护能力较弱，容易遭到黑客攻击，从而导致注册用户的信息泄露。同时，如客户的支付账户设置了相同的用户名和密码，则极易发生盗用。对于支付账户的登录密码、消费密码应与一般网站登录密码区别设置，并养成定期更改密码的习惯，防止因其他网站信息泄露而造成支付账户的资金损失。

（8）选择安全的购物平台。近年，随着网络购物的兴起，电商也得到快速的发展壮大，大小电商几十万家，我们在购物时应该尽量选择信誉度比较高的正规商户，不要轻信商户发送的链接、压缩包、图片和二维码等。不要登录一些非法网站，避免计算机或移动终端被植入木马病毒。

（9）签约或购买盗刷保险服务。如遇账户被盗刷，请立即致电发卡银行或支付机构，及时冻结账户或挂失卡片。平时我们也可以多了解发卡银行的相关服务或政策，了解各类第三方支付平台相关规则，注意规避风险，维护个人合法权益，同时也可以签约或购买一些被盗刷后可有一定金额赔付的保险。

三、家庭网络安全事故的应对

（一）电信诈骗的应对

（1）加强与警方配合，切实保护其财产安全。遇到此类案件时，应沉着应对，及时向公安机关报案，并及时提供对方账号等线索，协助警方破案。在接到此类信息、电话时，也要向公安机关积极举报，提供破案线索。

（2）绝不给陌生的账号汇款。涉及汇款等银行业务时，要加强防范。对于陌生人及陌生号码的来电，要提高警惕，特别是冒充受害人亲属、朋友借钱的电话，要求受害人去银行进行

汇款、转账时，一定要及时和亲属核实此事，千万不可贸然汇款。

（3）勿被对方的恐吓乱了阵脚。如收到以加害、举报等威胁和谎称反洗钱类机构的陌生短信或电话，不要惊慌无措和轻信上当，不做亏心事，不怕鬼敲门，最好不予理睬，更不要为“消灾”将钱款汇入犯罪分子指定的账户。

（二）智能家电被入侵应对

当发现家中的智能设备工作异常应及时断开设备。例如摄像头在自己没有操控的情况就下自行转动，网络机顶盒自行开启等，立即断开网络或者是直接拔掉电源，这样即便是水平再高的黑客，也无法操控你的智能设备了。我们也可以为网络摄像头等设备选择定时插座（非智能插座），只要设定好通断电的时间，并将网络摄像头插在定时插座上，这样在敏感时段内，网络摄像头根本就不通电。

（三）网络支付安全应对

（1）办理网络购物、网络退货、退款等业务时请认清官方渠道。

（2）如在购物网站申请退款或退货时，建议与官方客服联系后进行操作，切勿轻信不明身份的电话、网络聊天工具或以其他形式所提供的非正规途径的网络链接。

（3）在收到动态验证码时，请仔细核对短信中的业务类型、交易商户和金额是否正确。

（4）任何客服工作人员不会向持卡人索取短信验证码，如有人索要可判定为诈骗，请立即报警；也不要轻易泄露自己的身份证件号、银行卡信息、交易密码、动态验证码等重要信息。

（5）谨防“山寨”应用软件，在扫码前一定要确认该二维码是否出自正规的网站，一些发布在来路不明的网站上的二维码最好不要扫描，更不要点开链接或下载安装。

（6）进行支付前一定要确认登录的购物网站或网上银行的网址是否正确。因为网站页面可以伪冒，但“钓鱼网站”的网址与官方网址一定存在差异，请认真识别。若有任何怀疑，请立即致电银行或电商客服。

（7）开通短信通知服务，账户发生异常变化后，及时联系银行或支付机构，及时冻结账户或挂失卡片。

（8）一些机构需要持卡人提供报警回执作为否认交易的证明材料，由于警方对案例受理地有规定，建议在前往派出所报案前先拨打“110”咨询。

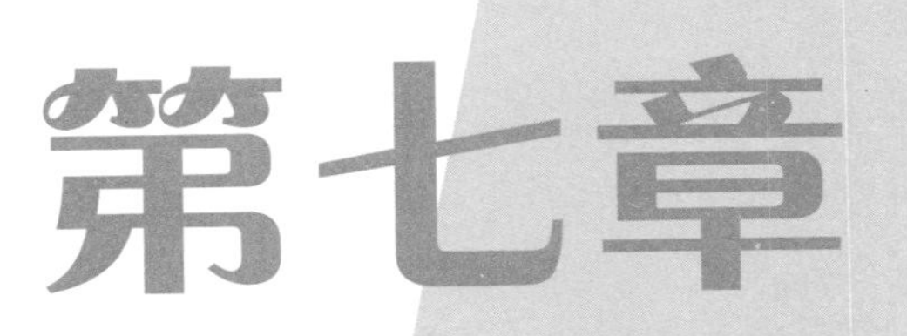

第七章 电梯安全事故防范与应对

随着社会的不断发展，电梯作为一种垂直方向的交通工具，越来越被人们关注和重视，且越来越依赖它，我国电梯数量正以每年十几个百分点的速度增加，一般情况下，乘坐质量合格的电梯是安全的，但近年来，由于电梯维护保养不及时，因部分老旧电梯超期服役以及人为错误使用电梯等原因而酿成的“电梯夺命”“电梯夹伤”等事故逐年增多。我们在居家生活中经常使用电梯，要始终保持高度的安全意识，避免电梯事故的发生，也要掌握一些电梯故障的应对措施，以便我们在碰到这些情况时能够自救、互救。

一、常见电梯安全事故

（一）被困电梯事故

被困电梯事故之所以发生概率最高，是由电梯系统的结构特点造成的。因为电梯的每一次运行都要经过开门、关门动作，使门锁工作频繁，老化速度快，久而久之，造成门锁机械或电气保护装置动作不可靠，或因突然停电造成乘客被困。

2005 年 8 月 5 日，贵州省遵义市的狮山大酒店发生了一幕惨剧：一名 21 岁的女孩在坐电梯时，电梯出现了故障，她竟然强行扒开电梯门逃生，结果掉到了 10 多米深的电梯管道内，当场死亡。

2007 年 11 月 21 日，浙江大学医学院某附属医院住院楼一电梯在一楼上行至二楼过程中突然停梯，五人被困梯内。由

于过于慌张，采取不当的撤离方式，姜某不慎从井道中坠入地下二层，经抢救无效死亡。

（二）蹲底或冲顶事故

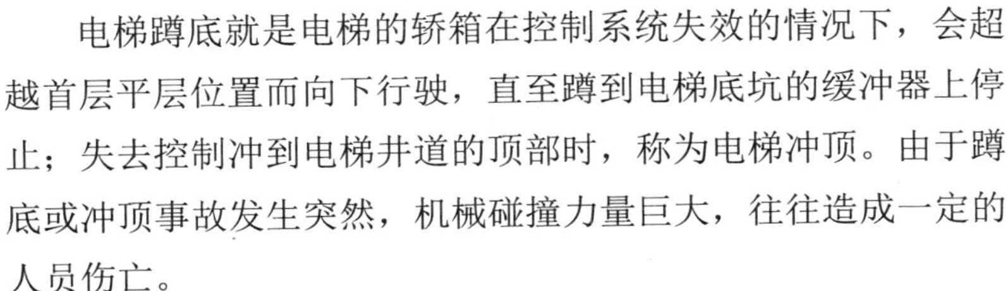

电梯蹲底就是电梯的轿箱在控制系统失效的情况下，会超越首层平层位置而向下行驶，直至蹲到电梯底坑的缓冲器上停止；失去控制冲到电梯井道的顶部时，称为电梯冲顶。由于蹲底或冲顶事故发生突然，机械碰撞力量巨大，往往造成一定的人员伤亡。

2015 年 7 月 15 日 18 时许，沈阳市和平区华阳国际大厦写字楼一电梯突发事故，电梯厢从 27 层开始向下坠落，12 层开始直线坠落到一层。电梯坠落时，某传媒有限公司 12 名员工正在里面。平时噩梦中才会出现的场景变成现实，电梯急速下坠，男男女女发出瘆人的喊叫！事发后，12 名伤者被送进医院，多人重伤。

2016 年 1 月 29 日晚 6 时左右，在西安明光路与北二环西南角的阳光新地小区 1 号楼 1 单元发生了一起电梯坠亡事故，一位年仅 26 岁妈妈怀抱 5 个月大幼女从 31 楼乘坐电梯，因电梯坠落致二人当场死亡。

（三）电梯夹人事故

该类事故要是由个别装置失效或不可靠所造成的。主要有电梯停滞在楼层层门之间、人员坠井及电梯卡人等事故。

2013 年 5 月 15 日，深圳罗湖区桂园街道松园北 13 号某

大厦内，一名医院的实习护士在乘坐1号电梯时头部被夹，电梯直接落到负一楼，该女子当场身亡。目击者陈先生说“当时她手上拿着手机，可能因为太专注没有注意到电梯门关闭，头就被夹住了，然后电梯就直接降到了负一楼”。

2015年7月30日，杭州新华坊某楼发生电梯夹人事故，一名年轻女子被电梯夹住困在16层和15层之间。据目击者称，当时女子想出电梯，就在她出电梯时，电梯急速下降，女子的头被夹在电梯外。当消防队员将被困女子解救出来时女子已死亡。

二、电梯安全事故的防范

（一）电梯被困事故防范

（1）不关门运行。乘坐电梯时，如果电梯门没有关上就运行，说明电梯有故障，在电梯外的乘客不要进入乘坐；已在电梯里的乘客不可在运行时跳出电梯，以免造成不必要的伤害。

（2）发生火灾时不乘坐电梯。发生火灾时，乘客禁止使用电梯逃生，应选择楼梯安全出口逃生。

（3）看是否超载。电梯超载容易引发安全事故，当电梯因超载报警时，应该主动退出，等待下一趟再乘坐。

（4）看运行是否正常。电梯停稳后，乘客进出电梯时应注意观察电梯轿厢地板与楼层是否平齐，如果不平，说明电梯存在故障，应及时通知电梯使用单位。

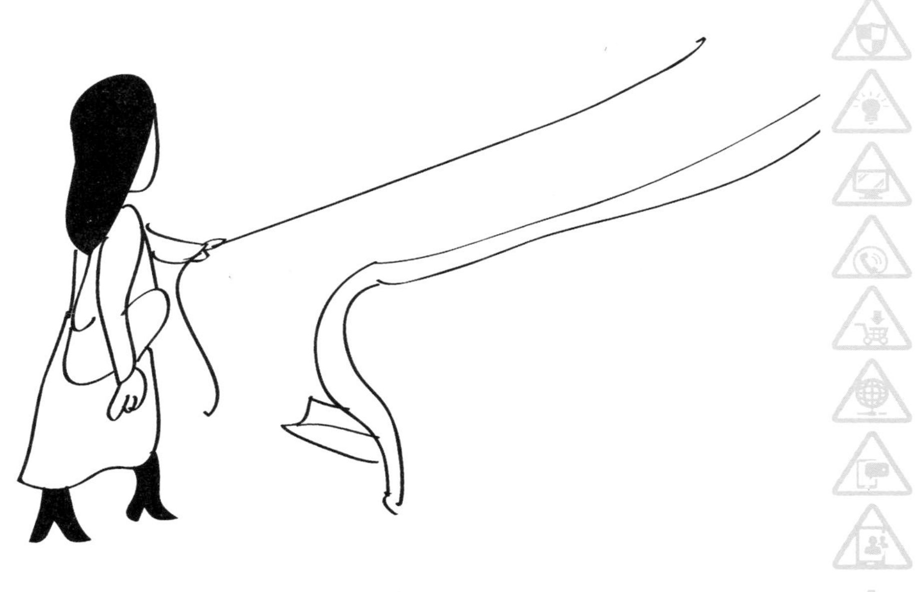

（5）乘坐电梯时，如发现电梯运转异常或电梯内有焦煳味，应停用并及时告诉电梯维护保养人员，并在电梯口摆放警示标志。

（6）不乘坐太破旧和不符合使用标准的电梯。

（7）不要在电梯内乱蹦乱跳，上下电梯时不要相互推挤。

（8）严禁企图搭乘正在进行维修的电梯，此时电梯正处在非正常工作状态，一旦搭乘容易发生安全事故。

（9）请勿让儿童单独乘坐电梯，儿童一般不了解电梯安全搭乘规则，遇到紧急情况缺乏及时、镇静的处理能力。

（二）电梯坠落事故防范

注意事项同上文（5）至（8）。

（三）电梯夹人事故防范

（1）电梯门正在关闭时，严禁里外的乘客用手、脚、棍棒等物品阻止关门。须等待下次或者请电梯内部的乘客按动开门按钮使电梯门重新开启。

（2）不顶阻电梯门。当电梯门快关上时，不要强行冲进电梯，阻止电梯关门，切忌一只脚在内一只脚在外停留，以免造成不必要的伤害。

（3）不随便按应急按钮。应急按钮是为了应付意外情况而设置的，电梯正常运行时，不要按应急按钮，以免带来不必要的麻烦。

（4）依靠拐杖、助行架、轮椅行走的乘客不应独自乘坐电梯，应与他人一起去搭乘电梯，防止拐杖等物不小心卡入缝隙。

（5）穿长裙子或手拎物品乘坐扶梯时，请留意裙摆和物品，谨防被挂住。

（四）正确使用电梯

1. 垂直升降电梯使用方法

（1）在候梯厅，前往目的地需上楼时请按上行呼叫电梯按钮“△”，需下楼时请按下行呼叫电梯按钮“▽”。如果按钮已被其他乘客按亮，则无须重按，轿厢将前来该层停靠。

（2）轿厢到达目的层时到站钟发出响声提示乘客，乘客由电梯方向指示灯确认轿厢将上行或下行。若方向相反，则呼叫电梯按钮灯不熄灭，乘客仍需等待。

（3）轿门打开时，乘客应先下后上，进梯乘客应站在门口侧边，让出电梯的乘客先行，出入乘客不要相互推挤。

（4）轿门打开后数秒即自动关闭。若需要延迟关闭轿门，按住轿内操纵盘上的开门按钮“◁▷”；若需立即关闭轿门，按动关门按钮“▷◁”。

（5）进入轿厢后，立即按选层按钮中的目的层数字按钮（如果迟疑，电梯会先应答其他呼叫，从而延长了您的乘梯时间）。按钮灯亮表明该层已被其他乘客选择，轿厢将按运行方向顺序前往。若有轿厢扶手，体弱者应尽量握住扶手。

（6）注意层站显示器指示的轿厢所到达的楼层。轿厢在运行途中，发生新的电梯内选层或其他楼层乘客按下呼叫电梯按钮，则轿厢会顺向停靠。到达目的层站时，待轿厢停止且层门、轿厢门完全开启后，按顺序依次走出轿厢。

2. 自动扶梯的使用方法

（1）乘坐扶梯前应系紧鞋带，留心松散、拖曳的服饰（例如长裙、礼服等），以防被梯级边缘、梳齿板、围裙板或内盖板挂拽。

（2）在自动扶梯或自动人行道入口处，乘客应按顺序依次搭乘，请勿相互推挤。特别是有老年人、儿童及视力较弱者共同乘用时更应注意。

（3）乘客在自动扶梯入口处踏上电梯水平运行段时，应注意双脚离开梯级边缘，站在梯级踏板黄色安全警示边框内。请勿踩在 2 个梯级的交界处，以免梯级运行至坡段时因前后梯级的高差而摔倒。搭乘自动扶梯或自动人行道时，请勿将鞋子或

衣物触及玻璃或金属栏板下部的围裙板或内盖板，避免电梯运动时因挂拽而造成人身伤害。

（4）搭乘时应面向梯级运动方向站立，一手扶握扶手带，以防因紧急停梯或他人推挤等意外情况造成身体摔倒。若因故障，扶手带与梯级运行不同步时，注意随时调整手的位置。

（5）在自动扶梯或自动人行道梯级出口处，乘客应顺梯级运动之势抬脚迅速迈出，跨过梳齿板落脚于前沿板上，以防绊倒或鞋子被夹住。

（6）请勿在自动扶梯或自动人行道出口处逗留，以免影响其他乘客的到达。

三、电梯安全事故的应对

（一）电梯坠落事故应对

当电梯运行速度突然加快时：

（1）把每一层楼的按键都按下。如果有应急电源，可立即按下，在应急电源启动后，电梯可马上停止下落。

（2）自我保护动作：将整个背部和头部紧贴梯箱内壁，用电梯壁来保护脊椎。同时下肢呈弯曲状，脚尖点地、脚跟提起以减缓冲力。用手抱颈，避免脖子受伤。

（3）整个背部跟头部紧贴电梯内墙，呈一条直线，保护脊椎。

（4）膝盖呈弯曲姿势。因为韧带是人体唯一富含弹性的组织，借用膝盖弯曲来承受重击压力，比骨头承受压力伤害更小。

温馨提示

急救口诀

电梯突停莫害怕，

电话急救门拍打，

配合救援要听话，

层层按键快按下，
头背紧贴电梯壁，
手抱脖颈半蹲下。

（二）电梯被困事故应对

遇到电梯困人时，乘坐电梯者对安全乘梯常识不了解，不懂得安全脱离方法，盲目地自行采取错误的救援方式，极易造成人员伤亡。

（1）保持镇定，并且安慰困在一起的人。电梯槽有防坠安全装置，会牢牢夹住电梯两旁的钢轨，安全装置也不会失灵。

（2）利用警钟或对讲机、手机求援。手机等失灵时还可拍门叫喊求救。

（3）如不能立刻找到电梯技工，可请外面的人打电话叫消防员。

（4）如果外面没有受过训练的救援人员在场，不要自行爬出电梯。

（5）千万不要尝试强行推开电梯内门，即使能打开，也未必够得着外门。电梯外壁的油垢还可能使人滑倒。

（6）电梯天花板若有紧急出口，也不要爬出去。出口板一旦打开，安全开关就会使电梯刹住不动。但如果出口板意外关上，电梯就可能突然开动令人失去平衡，从电梯顶上掉下去。

（7）若在深夜或周末下午被困在商业大厦的电梯，就有可能碰到几小时甚至几天没有人走近电梯的情况。这时需注意倾听外面的动静，伺机求援。

温馨提示

正确乘梯口诀

尊老爱幼文明乘梯；先进后出请勿打闹；
小孩乘梯成人携带；运行之时勿靠梯门；
轻触按钮严禁敲击；危险物品禁止进梯；
超载响铃“后进”退出；爱护电梯人人有责；
讲究卫生禁止吸烟；发生火灾切勿乘梯。

第八章

家庭盗窃事故防范与应对

家庭盗窃案件总是发生在我们生活中，小偷能运用各种“特殊”技能潜入居民家中盗窃，给人们造成了很大的安全隐患。根据相关警情数据显示，有65%的入室盗窃案件是利用技术开锁，19%是攀爬入室，溜门入室盗窃的占11%，暴力撬门及其他方式进入的占5%。如何预防家庭防盗事故的发生，防范与应对家庭盗窃的方法将于下文解述。

一、引发家庭被盗事故的原因

（一）由人的疏忽大意引发家庭盗窃事故的发生

1. 为陌生人开门

家中只有老人或一个孩子时，当有人敲门时，没有问清楚是谁、是做什么的，就贸然开门，让陌生人进入家中。

2. 轻易把熟悉的“陌生人”带回家

对网友、新认识的“陌生人”朋友，特别是通过网络聊天认识的朋友，感觉是熟人，但实际是对对方一点也不了解，就把陌生人轻易带回家中。

2015 年 7 月 9 日，女子通过“陌陌”网恋，其间男网友接连 5 次潜入该女子家中实施盗窃。

3. 熟人作案

自己的亲戚、好朋友到家中做客时进行盗窃，或是了解掌握了家里人员的行踪，趁家中没人时进行盗窃。

2015 年 12 月 9 日，家住云南会泽县大井镇的高老汉和老伴出远门照看孙子，半个月后等他返回家时，家中有了巨大的“变化”，竟然连大门和内衣裤都被偷走。最令他意想不到的盗贼居然是他的侄子。

4. 家庭装修结束后没有更换锁具，施工人员乘机进行盗窃

施工人员家庭装修结束后，利用装修钥匙趁家里人不在家时进行盗劫。

5. 家中的保姆偷盗

雇佣保姆时，对保姆的身份来历没有核查清楚，也没有从正规的劳动力人才市场进行雇佣，来历不明的保姆就可能趁家中没有人时进行盗窃。

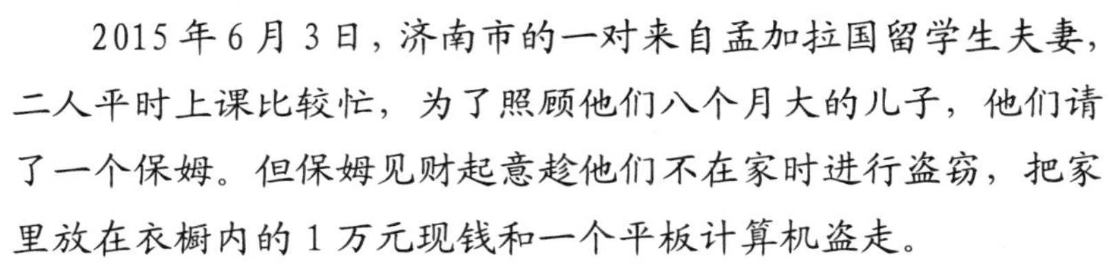

2015 年 6 月 3 日，济南市的一对来自孟加拉国留学生夫妻，二人平时上课比较忙，为了照顾他们八个月大的儿子，他们请了一个保姆。但保姆见财起意趁他们不在家时进行盗窃，把家里放在衣橱内的 1 万元现钱和一个平板计算机盗走。

6. 尾随抢劫

回家时，特别是晚上独自一人回家时，窃贼尾随进入楼内，等你用钥匙开门时，盗贼用凶器相逼，强行进入屋里进行抢劫活动。

（二）由居家环境的不安全因素引发的家庭被盗事故

1. 门、窗没有安装防盗门或防盗笼

特别是面积较小的窗和位置较高的卫生间、厨房用作换气通风的小窗子，没有安装防盗笼，窃贼利用这个留下了的“通道”攀爬入室作案。

2015 年 3 月 1 日早晨，家住长安区新田小区的姬先生报案，他早上睡觉醒来，家中床头的手机和客厅的两台计算机不见了，地上都是被翻出来的衣服。他家住在顶层 16 层，行窃时家中都有人在睡觉，自己丝毫没有觉察到有人进入家里。原来窃贼是从屋顶翻入他家的窗子进入家中行窃。

2. 利用空调、排水管道、燃气管道攀爬进入室内

住宅的空调、给水、排水管道、燃气管道安装在户外，顺外墙一直从顶层安装到一层，而且大多靠近阳台、窗户安装，盗贼借助管道攀登入室作案。

2015 年 8 月 5 日，长春警方破获一起小区盗窃案件，同一栋上下楼层多名业主家中没人时被小偷光顾，连卫生纸、矿泉水都被偷。通过小区监控设备发现小偷正是顺着外墙排水管攀爬从窗户进入业主家实施盗窃，盗贼是该小区一名 50 岁单身男子。

3. 顶层楼顶拴绳“荡秋千”进入家里

家住在高层建筑的顶层，都认为无人敢从那么高的楼顶自上而下作案，因此对楼顶天台没有作任何防范和巡查，盗贼从屋顶下降再从窗口进入家中行窃。

4. 盗贼利用隔壁空房毗邻的窗户、阳台翻入室内进行盗窃

（三）盗贼利用工具引发的家庭被盗事故

1. 开锁入室进行盗窃

盗贼掌握了开锁技术进行入室行窃，用自配钥匙能在极短时间打开各种类型的锁。部分家里的分户防盗门的门锁安全级别过低，存在安全隐患。

2015 年 5 月 27 日，某小区的王某发现，自家的房门大开，原本挂在门口的皮包和衣物不见踪影。随后立即向警方报案，令她意想不到的是，小区内多个居民家在同一时间段内遭到小偷开锁入室行窃。窃贼被抓获后交代普通门锁用他特制的钥匙 10 秒内就能轻松打开。

2. 自制扳手撬铁窗

现在的防盗笼大多是用钢筋或方槽铁焊成，密度稍疏，正好给扳手提供一个很好的夹口，加上焊接的焊点一般都只有一点点，用特殊工具很容易破坏。近几年发现小偷自制了一些形似扳手类的叉形工具，不用 2 分钟，就可以将防盗笼扳出一个较大的缝隙或大洞，进入室内行窃。

3. 主人长期不在家的闲置空屋

房主长期不在家时经常有很多宣传画、小广告插在防盗门或信报箱里，门铃长时间响铃或信报箱塞满报纸暴露家中无人，给窃贼传递了没人在家的信息。

二、家庭盗窃事故的防范

（一）提高警惕

（1）独自一人回家时提高警惕，确保安全

1）当独自回家时，开门前要先回头查看，防止有人尾随。到家之前提前准备钥匙，不要在门口寻找。迅速进屋，并随时注意是否有人跟踪或藏匿在住处附近的死角。若发现可疑现象，切勿进屋，并立刻通知警方。

2）日常生活中，随身带钥匙、出门即锁门，回家后在家里也要反锁门。

（2）提高警惕，不要轻易给陌生人开门

有人敲门时需谨慎，先观察后询问，若是陌生人，坚决不开门。若是修理工上门，要确认是否事先约定，检查敲门者证件并仔细询问，确认无误后方可开门。家中需要修理服务时，最好有家人、朋友在家陪伴或告知邻居。若有人以同事、朋友或远方亲戚的身份要求开门，不能轻信。上门服务、维修等事宜尽量约定在公休日、家中人多时进行，陌生人借用家中电话时要婉言拒绝。

若有上门推销者，可婉拒。切勿贪小便宜，以免追悔莫及。一定不要因来者为女性而减少戒心。遇到陌生人在门口纠缠并坚持要进入室内时，可打电话报警，或者到阳台、窗口高声呼喊，向邻居、行人求援。

（3）不熟悉的人不要轻易带回家

（4）不要在家中留存大量现金和贵重物品

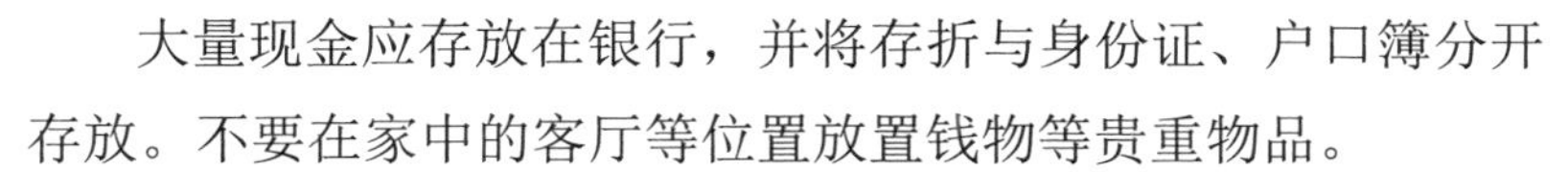

大量现金应存放在银行，并将存折与身份证、户口簿分开存放。不要在家中的客厅等位置放置钱物等贵重物品。

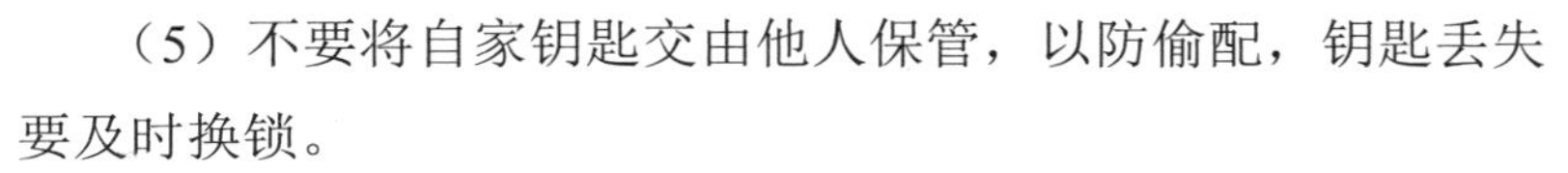

（5）不要将自家钥匙交由他人保管，以防偷配，钥匙丢失要及时换锁。

（6）不要轻易透露行踪

不要轻易对他人透露自己的行踪，长时间外出时应请亲朋好友代为守家，晚上临时外出时可将室内的灯打开，使小偷不敢轻易光顾。

如果刚搬进新居，邻居还未入住，隔壁是间空房，一定要加强防范意识，尽快对与之毗邻的窗户、阳台采取防盗措施，防止窃贼通过空房进入。

（7）长期不在家莫露痕迹

长期闲置的空屋是盗贼们理想的下手对象。房主长期不在家时经常有很多宣传画、小广告插在防盗门或信报箱里，这种情况最好嘱咐邻居或信得过的朋友代取信报箱中的报纸信件，定期把这些东西清理掉。另外，家中长期无人时，要把电话接线拔掉，门铃的电池卸下，以免长时间响铃或信报箱塞满报纸暴露家中无人，给窃贼可乘之机。

（8）家庭装修要防盗

对施工人员身份证进行登记、核查，保存好复印件，尽量少暴露家庭财产情况。装修后，及时更换门锁，防止不法之徒趁机行窃。对曾经装修的施工人员再次登门，要提高警惕，防止不法行为的发生。

（9）从正规渠道物色家中的保姆

一是从正规的劳动市场登记人员中物色，并核实其真实身份。二是有意在家庭财产中略作暗记，以试探其行为。三是不称心想辞退，要果断宣布结束雇佣关系，尽量不要留有时间余地。如发现不轨，切忌搜身和搜行李，以防授人以柄，应向警方报案。

（二）消除居家环境中的不安全因素

（1）确保家中门、窗的安全性

1）安装防盗门

检查家中的各个门安装是否牢固，建议最好安装防盗门和防盗窗，选择有公安部门的安全检测合格证书的防盗门。选择防盗门时一看二摸。一看防盗门门框的钢板厚度要在 2 毫米以上，门体厚度要在 20 毫米以上，锁体周围应装有加强钢板。二摸防盗门的外表应为烤漆或喷漆，手感细腻光亮，整体一般在 40 厘米以上。

2）安装防盗窗

检查家中的各个窗安装是否牢固，室内要进行开窗通风换气，晚上很难一直处于关闭，条件允许的前提下能装防护栏的尽量装防护栏。窗户装上铁护栏能达到预防入室盗窃的效果，但是对护栏的材质、疏密、焊接都是有讲究。护栏铁栅间距只有小于 15 厘米才不能钻入。护栏一定要交叉焊接制成“井”字形“田”字格，这样即便盗贼将铁护栏弄断两三根也进不了

屋。还有铁护栏的材料一定要选质量好的，最好选用不锈钢钢管里面再套上一根钢筋，这样的护栏既好看又牢固。

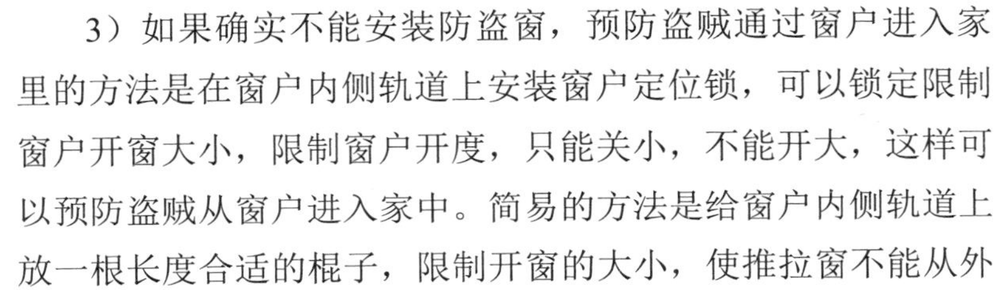

3）如果确实不能安装防盗窗，预防盗贼通过窗户进入家里的方法是在窗户内侧轨道上安装窗户定位锁，可以锁定限制窗户开窗大小，限制窗户开度，只能关小，不能开大，这样可以预防盗贼从窗户进入家中。简易的方法是给窗户内侧轨道上放一根长度合适的棍子，限制开窗的大小，使推拉窗不能从外部完全打开而起到预防作用。

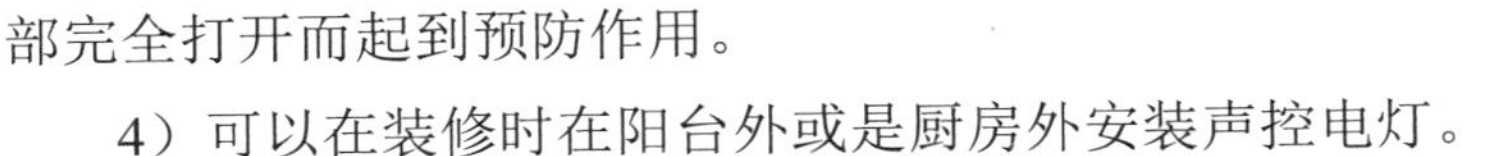

4）可以在装修时在阳台外或是厨房外安装声控电灯。

5）阳台或窗边可摆放盆栽，一旦盗贼入室行窃，会发出声响。

（2）选用安全可靠的锁具

1）确认门锁是否完好，如有损坏需及时更换。家里装修后，要及时更换锁具。

2）针对入室盗窃案中盗贼技术开锁的预防方法，应该选择安全级别较高的门锁，同时人在进出家门时都要进行反锁，使锁能真正地发挥作用。居民家中除门锁应安装保险锁外，可在门的上下两端各装一个暗插销，这样即使小偷打开门锁但打不开门，延长了开锁时间，增加心中的恐惧，可能就溜掉了。

（三）要提高家居周围环境的安全

（1）单元入户要安装单元门，而且要随手关闭

现在小区无论是小区门还是单元入户门都装设了门禁系统，安全系数比较高。但还有很多小区的单元门仍然是老式防

盗门，住户要有更强的安全意识，不管白天还是夜间，出入时注意要随手关上单元门，对于陌生面孔，尤其是形迹可疑人员要多加留意，必要时可提醒小区保安加以防范。

（2）自觉爱护小区内防盗设施

很多小区内装有防盗摄像头，在公安机关侦破盗窃案件的时候发挥了至关重要的作用，我们不但自己要爱惜这些设施，而且也要教育自己的孩子不要破坏它们。

三、家庭盗窃事故的应对

（一）家中被盗时的应对

发现家中被盗时，不要急于清理物品，应立即拨打“110”报警，并保护好现场。

（二）在门外发现窃贼在家中进行盗窃时的应对

如果回家时看见本应没人的自家大门虚掩，有人正在家里偷东西，千万不要出声惊动犯罪分子，更不要进屋，而是应该赶快拨打“110”报警，同时找安保人员或者邻居帮忙。

若住的楼层较高，窃贼是从大门进入室内盗窃的。在发现窃贼时，不要进门，要迅速从门外用钥匙把大门和防盗门反锁上，然后再去找人求救。这样，贼在屋内打不开门，又无法钻窗户逃跑，更容易被抓获。

（三）在家遇到窃贼正在进行盗窃时的应对

如果在家遇到贼时，尽量保持冷静，保证自身的安全。盗贼夜晚进入有人在家的室内进行盗窃时，往往将刀具拿在手中给自己“壮胆”和“防身”，作案时如住户清醒或被发现，盗贼很容易走极端造成人员的伤亡。

（1）迷惑贼

当独自在家时，要想办法让贼明白，家里马上就会有人回来。

（2）快跑

尽量往外面跑，不要管家里的东西，也不要与歹徒搏斗，跑出去后，要马上报警。

（3）报信

家里进贼后，要想办法让别人注意到自己家有问题，比如想办法到阳台上往下扔衣架等物品。

（4）不盯着贼

贼进来后，尽量不要盯着贼看，这样贼就能放松对你的警惕，认为你不会反抗，就不会采取过激行为。

（5）不喊叫

如果附近没有人，就不要大声呼叫，因为大声呼救容易激起贼的杀机。

（6）挣脱捆绑

如果贼要捆绑你，你要往前伸手，让贼把你的手捆绑在身前而不是身后。同时，贼在捆绑时，你要尽量把肌肉绷紧。当逃脱时，手从身前容易挣脱绳子，绷紧的肌肉一旦松下来，绳子就不会捆绑那么紧，也容易挣脱。

（7）放弃钱物

如果钱物被翻出来了，不要和盗贼进行搏斗。总之，想办法劝解贼，让贼放松警惕。寻找机会尽量逃脱，保证自身安全。

（四）长期不在家或者外出旅游时

长期不在家或外出旅游时，最好与邻居打好招呼，及时清理插在门缝、门把手、信箱里的各类广告、传单、信件，否则往往会被小偷认为是家中无人居住的信号。若条件允许，使用定时器操纵屋内的电灯、音乐，布置出有人在家的样子，以此

迷惑不法分子。长期不在家时，须拔掉电话接线，并将门铃的电池卸下，以免长时间响铃无人应答，暴露家中无人的状况。

（五）安装家庭安防系统

家庭安防系统利用主机，通过无线或有线连接各类探测器，实现防盗报警功能。主机连接固定电话线，如有警情，按照客户设定的手机或者电话号码拨号报警，是预防盗窃、抢劫等意外事件的重要设施，一旦发生突发事件，就能通过电话迅速通知主人，便于迅速采取应急措施，防止意外发生或者灾害扩大。当有非法人员闯入禁区、防区时，系统主机会第一时间给指定用户拨打电话及发送短信或 E-mail！用户收到电话短信时可以第一时间用手机或者电脑查看监控区域的画面。

第九章

家装安全事故防范与应对

家装就是家庭住宅装修装饰，是从美化角度、使用角度来考虑住宅的改造，是指在一定区域和范围内进行的，对水电、墙体、地板、天花板等的改造。小到家具摆放，大到房间空间格局的变化，都是家庭装修的体现。

建筑内部装修主要是要处理好装修效果和使用安全的矛盾，达到家庭装修美观、舒适、实用的同时，我们也要追求安全可靠，尽量采用阻燃性材料和难燃性材料，尽量避免采用燃烧时产生大量浓烟或有毒气体的材料。但是近年来由于私改线路引发爆炸、装修引发中毒或导致儿童坠楼等伤亡事件不断发生，所以家庭装修安全不容忽视。

一、家庭装修的安全事故

（一）中毒事故

室内装修材料散发的有毒有害气体是看不见的“杀手”。新装修的房子中甲醛、苯严重超标，影响了我们的身体健康。

2002 年 1 月 1 日国家质检总局颁布实施了《室内装饰装修材料有害物质强制性国家标准》，对人造地板、卷材地板、地毯内墙涂料、壁纸等 10 项进行强制要求，但是近年来仍有多起因装修材料不合格而造成的环境污染，并引发了健康问题，装修材料中释放甲醛、苯类、氨或含有放射性物质等有毒有害物质，给我们的健康造成了很大的威胁。世界卫生组织发布的第 153 号公告，称甲醛可引发白血病。

2006 年，福州市林先生将新房进行装修，4 岁的女儿在入住新房十个月后，出现持续高烧、咳嗽等症状，经医院诊断为急性白血病。因治疗无效于发病后两个月死亡。经检测，新房装修一年后空气中的甲醛含量为 0.39 毫克每立方米，超过国家标准 4 倍。这是我国首例由于新房装修甲醛污染引发的儿童死亡案件。两家装修公司承担赔偿林家人民币约 17 万元。

（二）家庭火灾事故

据火灾数据统计，70% 的火灾都是家庭火灾。家庭装修会选用木地板、窗帘等易燃、可燃的建筑材料，这些材料的选用在发生火灾时会缩短火势达到全面燃烧的时间，会加快蔓延速

度，会散发含有一氧化碳等有毒气体的浓烟，使人员疏散和逃生难度加大。

（三）天花吊顶的坠落事故

装修设计中经常在天花板安装吊顶。吊顶安装不牢固会发生吊顶坠落事故造成人员伤亡。

2012 年 3 月 24 日，广东省东莞西城楼大街凤来小区的余女士在家中被坠落的天花板砸到了左肩膀。

（四）漏水、触电、漏气事故

在家庭装修的过程中，一味地追求房间功能的改变，把原设计的厨房改为卧室，厨房改为客厅，改变厨房的动火位置，改变家庭的空气开关的位置，改变用电插座的位置等，造成天然气管道、给水管道、排水管道、电线等的管道线路位置改变，引起了漏水、漏气、触电等安全事故。

2016年2月，在杭州市的陈先生一家三口中毒死亡。经过鉴定，陈家三口的血液中一氧化碳大量超标，死于一氧化碳中毒。经过现场检查，凶手就“藏”在陈家的卫生间内，卫生间里安装了燃气热水器。在使用过程中一氧化碳没有及时地排到室外，造成中毒。由于卫生间改造和装修中安装的热水器不合理造成的一氧化碳中毒，是仅次于由煤炉所引起的一氧化碳中毒死亡的主要因素。

（五）高空坠落事故

儿童从窗台坠落，特别是7岁以下的孩子天性好动，没有安全意识，在窗台边玩耍不慎从高空坠落造成事故。

2006年10月28日下午1时40分，北京华威北里一幢住宅楼里发生一起儿童坠楼死亡事件，一名居住在18层楼房的6岁男孩从自家的窗户坠落身亡。事故原因就是该房屋窗台较低（距地面40厘米），装修时未按规范要求安装防护栏杆，导致儿童爬上窗台玩耍时不慎从窗户坠落身亡。

二、引起家庭装修安全事故的原因

（一）由家庭装修引起中毒的原因

（1）甲醛：各种人造板、家具、墙纸和地板黏结剂中会挥

发甲醛，化纤地毯、油漆涂料等也含有一定量的甲醛。甲醛对呼吸系统及眼睛和皮肤有强烈刺激性，长期低浓度接触甲醛会出现头晕、乏力。

（2）苯：人造板材家具和油漆、各种溶剂中都含有苯。

（3）放射性物质：天然石材中含有放射性物质，不同的石材因材质、产地的不同，放射性物质也不同。

（二）造成漏电的原因

（1）电线质量不过关。

（2）开关和插座的质量不合格。

（3）电线没有按照三相五线进行敷设，特别是没有接地线。

（4）电线暗敷在墙上没有穿管保护。

（5）家用电器过载使用，特别是大功率电器的使用，如即开即热型的热水器功率都达到 3 000 瓦以上，取暖电器的功率也达到了 2 000 瓦以上。

（三）造成漏气的原因

（1）在装修过程中使用了不合格的管道。

（2）燃气热水器没有安装在通风的地方。

（四）造成漏水的原因

选用的防水材料不合格、装修施工不规范或者在装修过程中破坏了卫生间、厨房原有的防水层，造成用水房间（卫生间、厨房、阳台）出现渗漏。据统计，一般在装修结束后发现有渗漏的占到90%之多。

（五）高空坠楼事故的原因

主要是在装修中没有对窗台过低的窗户安装防护栏杆，或者安装了防护栏杆，但是栏杆不够高，竖杆的间距过大，致使幼儿可以穿过栏杆，攀爬栏杆，发生儿童坠楼的悲剧。

2016年10月20日下午1点半左右，在四川宜宾江安国际小区一名不到2岁的男孩从25层高楼坠落，摔在三楼平台上。头部、肺部受伤，右臂和右腿骨折。

三、家庭装修事故的防范

（一）中毒事故的防范

（1）从源头上预防中毒事故，控制装修材料和家具造成的室内环境污染，选用正规合格的建筑材料进行装修。

（2）新装修的房子经常开窗通风换气，过一段时间后再搬家入住。

（3）新装修的房子在搬家前可以进行室内环境污染检测，先请正规的检测单位进行室内环境检测，再判断是否还需要进行通风换气或专业污染源治理。

（二）漏气事故的防范

（1）安装燃气热水器时，一定要分室安装。分室安装就是热水器安装在一个房间，洗澡在另一个房间。安装热水器的房间还必须有与室外直接连通的窗子或通风孔，能保持通风良好。燃气管道穿墙时必须使用金属管，不能随便用其他管替代。燃气器具的连接胶管长度不能超过1米。

（2）若确需改装燃气设施的，先要向燃气管理部门申请办理有关手续，燃气管理部门的同意后，由专业人员进行操作施工，负责通气点火。

2006年11月，大连市甘井子区某居民楼住宅内发生燃爆事故，导致二层、三层楼板塌陷、墙体开裂，造成该楼其他51户及邻楼22户居民房屋门窗受损、附近一所小学教室和一

饭店门窗玻璃破碎。爆炸事故共造成 9 人死亡，1 人严重烧伤。经现场勘查，发现这是一起由居民厨房装修不当引发的爆炸事故。该居民在装修房屋时违规私自改动液化气管线，违规使用 PPR 塑料管代替无缝钢管，装修后仅使用 7 天，就发生液化气泄漏爆炸。

（三）渗水、漏水事故的防范

（1）防水材料的选择。要选用合格正规的防水材料。

（2）防水部位要全面。需要做防水的部位有卫浴间的地面和墙面（不低于 1.8 米高），厨房、阳台的地面和墙面（不低于 0.3 米高），地下室的地面和所有墙面都应进行防水、防潮处理。

（3）施工质量要过关。墙面与地面的接缝处、阴阳角、水管、地漏和卫生洁具的周边及铺设冷热管的凿沟内是重点防水部位，施工质量必须要有保证。

（4）完工后防水实验一定要进行。在装修施工的防水完工后，将用水房间的所有下水堵住，并在门口砌一道 25 厘米高的“坎”，然后在卫生间中灌入 20 厘米高的水，室内蓄水 24 小时，检查是否有渗漏点。

（四）电气事故的防范

（1）选择合格的电气线路及开关、插座。儿童房间的电源插座要选用带有插座罩的插座，墙上用不着的插座应套上安全盖，防止小孩把手指插入插座内。照明和其他电器要安装漏电保护器，最好选用有安全变压的电器。

（2）电器线路暗铺时一定要穿管保护。

（3）电线的选型要和家庭使用电器的总用电功率匹配，也要和小区进线匹配。

（4）安装大功率的电器，不得使用普通开关，不得直接安装在可燃的构件上，需要单独安装空气开关进行保护。

（5）禁止在装修中用铜丝代替保险丝，禁止用橡皮胶代替电工绝缘胶布。

（五）空调引起火灾事故的防范

（1）装修时空调安装位置不要在房门的上方。安装的高度、位置要有利于空气循环和散热，同时与窗帘、沙发等可燃物保持一定的距离。

（2）空调要安装一次性熔断器。

（3）应定期对冷凝器、蒸发器、过滤网等保养，定时擦除灰尘，防止散热器堵塞引发火灾。

2010 年 12 月 21 日凌晨 4 时，兴油北区某住宅楼二楼住户有黑烟冒出，邻居报警后，消防人员破拆后发现客厅的老旧空调起火引燃沙发，引发火灾，释放大量有毒气体，造成一家 3 人全部窒息死亡。

（六）高空坠落事故的防范

幼儿好奇心强又好动，安全意识低，要预防高空坠落事故就要从源头上进行预防。房间窗口、落地窗和阳台窗口要安装不低于 0.9 米高安全栅栏，栏间的宽度应以孩子无法钻出为安全宽度。家中窗边不要设置儿童的床具和桌子，孩子可攀爬的桌子、椅子等家具不要放置在窗口。

四、家装安全事故的应对

（一）发生高处坠落事故的应对措施

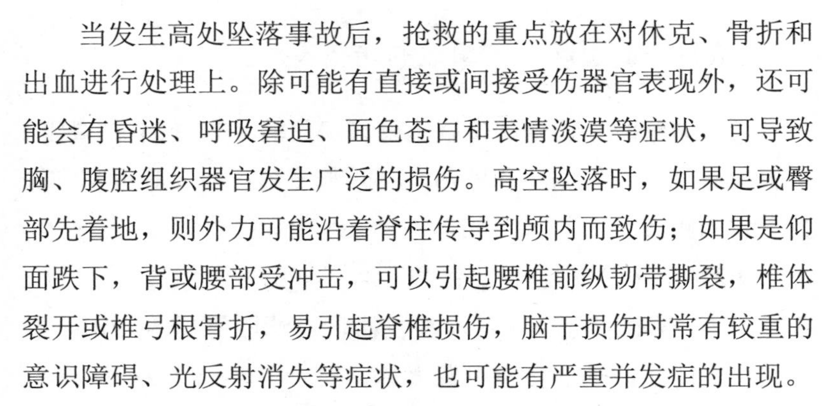

当发生高处坠落事故后，抢救的重点放在对休克、骨折和出血进行处理上。除可能有直接或间接受伤器官表现外，还可能会有昏迷、呼吸窘迫、面色苍白和表情淡漠等症状，可导致胸、腹腔组织器官发生广泛的损伤。高空坠落时，如果足或臀部先着地，则外力可能沿着脊柱传导到颅内而致伤；如果是仰面跌下，背或腰部受冲击，可以引起腰椎前纵韧带撕裂，椎体裂开或椎弓根骨折，易引起脊椎损伤，脑干损伤时常有较重的意识障碍、光反射消失等症状，也可能有严重并发症的出现。

（1）如果孩子失去意识，应马上让其就地平躺，安静休息，不要随意搬动。

（2）解松孩子的颈、胸部纽扣，去除其身上的用具和口袋中的硬物。颌面部受伤时首先应保持呼吸道畅通，清除移位的组织碎片、血凝块、口腔分泌物等。

（3）发现孩子有口、鼻腔出血时，让头向侧倾，防止血液逆流入咽喉。

（4）孩子如有创伤，应进行止血、包扎。

（5）有条件时迅速给予静脉补液，补充血容量。

（6）怀疑发生腰部、手足部骨折时，应用木板将伤部固定，不要移动伤部。

（7）及时把伤者送往邻近医院抢救，运送途中应尽量减少颠簸。同时，密切注意伤者的呼吸、脉搏、血压及伤口的情况。

（二）发生渗水漏水的应对

（1）渗漏分析。找准渗漏地方，大多表现是与用水房间相邻的墙面渗水、霉变、涂料起皮、粉刷起鼓，地板翘曲变形，楼下有渗漏等现象出现。

（2）找准渗漏点。首先把积水拖干，然后水管分段试压，找到漏水点。若是水管试压后没有渗漏，考虑是防水层破损渗漏。

（3）更换水管、接头或重做防水层。

特殊人群居家安全事故防范与应对

婴幼儿、老年人和残疾人因行动不便和身体生理等因素在家里容易发生跌倒、触电、引发火灾等安全事故，关爱这些特殊人群要从居家的环境，家具选择，到安装防护设施全面关注，尽可能地减少居家时安全事故的发生。

据调查数据显示，婴幼儿、老年人和残疾人等特殊人群发生在家里的安全事故频率最高的就是跌倒摔伤，其次是锐器伤、坠落伤、烫伤、误食、烧伤和触电。

一、引起特殊人群居家安全事故的原因

（一）特殊人群在家里容易发生跌倒伤的原因

（1）老年人身体的平衡功能随着年龄的增长逐年下降，不容易保持身体的协调。

（2）老年人视力下降、肌力减退等因素，以及常见血管性眩晕、高血压、帕金森病、糖尿病等疾病的原因。

（3）残疾人因为身体的原因造成行为不便，如盲人、需要使用拐杖的残疾人遇障碍物时，容易发生跌倒摔伤。

（4）一些不利的居家环境，如路面凹凸不平、滑湿、室内有上下楼梯、通道不够宽敞等更容易让行动本来就不是很利索的特殊人群摔倒。

（二）特殊人群在家里发生锐器伤的原因

（1）老年人、幼儿、残疾人由于视力下降，身体不协调等生理原因手拿不稳刀具发生锐器伤。

（2）刀具、剪刀等摆放位置的原因。充满好奇心的孩子会攀爬伸手去拿放在抽屉内、柜子顶上的刀具，没有拿稳引起刀具掉落受伤。

（3）手里拿着剪刀等物品时不慎跌倒而被锐器所伤。

（三）特殊人群发生进食危险原因

（1）老年人喉腔膜萎缩、变薄，咽缩肌活动功能降低，咀嚼功能差，易发生吞咽障碍，呛咳、哽塞，使食物、口水呛入

呼吸道中。

（2）婴幼儿的消化道还处于发育中，在进食过程中容易发生食物、口水进入呼吸道中。

（四）老年人、幼儿在家里引发火灾的原因

电器火灾和生活用火不慎是火灾发生的两个最主要原因，约占火灾发生原因的60%，尤其是老年人在家中由于电器使用不当和用火不慎更易引发火灾。

（1）老年人在厨房做饭煲汤时，因为烹饪时间长，离开厨房去干其他事情，忘记关火引发火灾。

（2）老年人为了方便，会在插线板上同时使用多个家用电器产品，造成插线板线路超过负荷，引发短路火灾。

（3）幼儿会好奇打火机、蜡烛、火柴等物品，悄悄躲在室内玩火而引发火灾。

（4）夏天使用蚊香时，蚊香引燃了周围的蚊帐、沙发等可燃物品而引发火灾。

（五）婴幼儿从窗口爬出发生坠落伤的原因

（1）窗台过低，安装的防护栏杆竖杆的间距过大，幼儿可以穿过栏杆爬到窗外。

（2）幼儿在防盗笼上玩耍，防盗笼的防护竖杆的间距过大，造成幼儿坠落受伤或幼儿身体卡在防盗笼上受伤。

二、特殊人群居家安全事故的防范

（一）老年人跌伤的防范

跌倒是指身体位置改变，重心失去平衡，而自己又没有办法适时做出有效的反应，整个人跌坐在地面或较低的地方。每年约有三分之一的 65 岁以上老人发生跌倒，其中 50% 还会出现再次跌倒。据统计，80 岁以上老人中跌倒比例高达 50%，在 65 岁及以上的医院急诊病例中，10% ～ 15% 源于跌倒，其中约有 10% 的跌倒导致骨折。

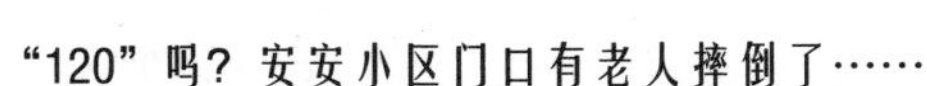

改善老年人的居住条件，老年人最好居住在低层，楼梯不陡、扶手要稳。居室要宽敞明亮，不应采用容易造成视觉误导、眼花缭乱的玻璃纸装饰。年龄较大的，患有高血压、帕金森病等慢性病的，以及体能较差、步态不稳、服降压药等的老年人，以及婴幼儿和生活不能自理的残疾人，需有家人或保姆随时照顾。

（1）需要使用轮椅的特殊人群居家时，各个房间之间的连接应顺畅，通道加宽，以利于行走，应减少与其他室内地面层的高度差，要做到每个房间无障碍通行。

（2）增加安全指引措施

在家里的通道处都安装扶手，方便视觉障碍的残疾人和使用拐杖的老年人使用。也可以在家里制造专用通道，如通过在地面和墙面上设计有凹凸感的线条，为眼睛看不见的人引路。此外各空间墙面采取不同的装修材料，也可以起到帮助区分的作用。

（3）减缓活动速度

老年人血管、运动中枢功能退化，腿脚欠灵活，因此，在活动时，老年人动作要缓慢，每一动作后可暂停片刻，防止眩晕和不稳定；在睡醒后不宜立即起床，应先在床上躺半分钟，然后坐起半分钟，再双腿下垂半分钟，坚持这三个“半分钟”可有效防止许多老年人致命性跌倒摔伤事故发生。

（4）安装报警控制器

门窗报警、煤气报警、温度报警等控制器安装在厨房等易发生安全事故的地方，当报警控制器被触发时，家人或物业安保人员会得到报警信号，及时到家里查看情况，以防不测。

触发不同类型的报警可以联系到不同的人，用户也可以设置报警系统将报警信息以推送的方式发送到手机上，这种自动远程报警通知在家庭安防系统中十分普遍。

（二）老年人、婴幼儿进食哽塞的防范

（1）为老年人、婴幼儿营造一个整洁、温湿度适宜的就餐环境。进食时避免分散注意力。

（2）需要喂食的老年人和婴幼儿，应尽量把食物送到舌根部，有利于吞咽。

（三）物品摆放位置安全可靠，预防锐器伤和幼儿误食

（1）手里拿着剪刀时千万不要乱晃动手，以免碰伤其他人。幼儿不要拿着剪刀四处奔跑，如果不慎跌倒，它很可能会致人伤亡。

（2）剪刀、刀具的摆放要安全可靠。如果放在插袋里，剪刀头应朝下，如果放在抽屉里，剪刀头应朝里。

（3）药品等物品要摆放到幼儿拿不着的固定位置，防止幼儿误食。

（四）营造适合特殊人群的居家环境，家具应根据特殊人群的特点出发，量身定制

每个残疾人、老年人的情况不一样，有使用轮椅者、有步行困难者、有使用拐杖者，也有视或听有损者。居家环境首先

要能确保其安全，其次是尽量能实现自理。

（1）家具应从实用出发，量身定制，满足不同人的生活需求。如腿脚不便的人，厨房的橱柜、卧室的衣柜、餐桌等就要根据轮椅上的高度而设计，不能太高。电源开关面板也要在适当的高度范围之内，最好让残疾人不需要倾斜身体就能触及。对于视力、听力有缺陷的残疾人，可通过增加光的强度、振动仪器、呼叫系统及采用大字体的指示性标志来提高识别性。视力方面有缺陷的人，室内灯光应有弱有强，夜间最好有低度照明，便于残疾人起夜。

（2）家居尖角的边缘，有凸出部分的柜子，尖锐的桌角、椅角等，在老人突发病患或不慎跌倒时，都有可能伤及他们，应尽量减少室内尖角数量，多用柔软材质的安全家具，在有尖角的地方加装防护设施，如圆弧角防护棉垫等。

（3）老年人的家具中，尽量不使用或少使用室内玻璃门窗，外墙窗户应选择外开或推拉式，以防不慎撞破玻璃。

对于视力不好的老年人和婴幼儿来说，居家家具的外露部分应尽量避免棱角，选用经过处理的圆弧家具。少用玻璃类易碎、尖锐的装修材料和家具，包括玻璃的门、茶几、器皿等。在选择家具材质时，最好选择皮革、布艺类的软性材质。尽量降低残疾人摔倒磕碰后受到的伤害。

（4）选择非常人性化的家居产品

为方便盲人，现在已经有不少产品上面有一些盲文标志，使用的时候就可以根据指示正确操作。对于聋哑人来说，可通过增加光的强度、振动仪器等来提醒通知。如安装一种特殊的门铃，按门铃后，屋里的指示灯就会变亮，从而可以使聋哑人方便快速地知道要去开门。

（五）老年人居家安全防范

（1）卫浴间的环境要确保无障碍通行与安全

地板、盆浴不宜太光滑，地面应选用平整、防滑材料，可以给老年人浴室配备防滑垫等防护设施。

（2）卫浴间轮椅的使用

对于需要使用轮椅的特殊人群卫浴间的面积不能太小，卫浴间的面积要满足轮椅在里面能够行动，同时还要考虑护理者协助操作的面积。

（3）卫浴间门宽度应能使轮椅顺利通过

对于轮椅使用者来说，卫浴间的门口应该能让轮椅顺利通过。其宽度不能过小，一般不应该小于 0.9 米。当卫浴间使用平开门时，门扇应该向外开启，门扇开启后的通行宽度不应小于 0.8 米。开门执手最好采用横执把手，在门扇内侧应设关门拉手。

（4）卫浴间的安全抓杆不可少

卫浴间需要安装安全抓杆，安全抓杆的高度需要根据残疾人、老年人的身体情况决定，抓杆安装要牢固，应能够承受身体的重量。

（5）安装紧急按钮

紧急按钮是一个快速、简单的求助方式，当发生紧急情况时，可以触发按钮请求救援。应安装在床边、卫浴间及容易触

发的地方。如果发生危险，通过紧急呼叫按钮可以及时告知家人或物业管理人员，得到救助。

（六）婴幼儿在阳台发生坠落安全事故的防范

（1）不要蹬踏阳台上的凳子、花盆、纸箱等不稳固的物体，以免身体失去平衡摔伤跌落。家具与其他杂物等应远离窗口，使儿童不容易攀爬。

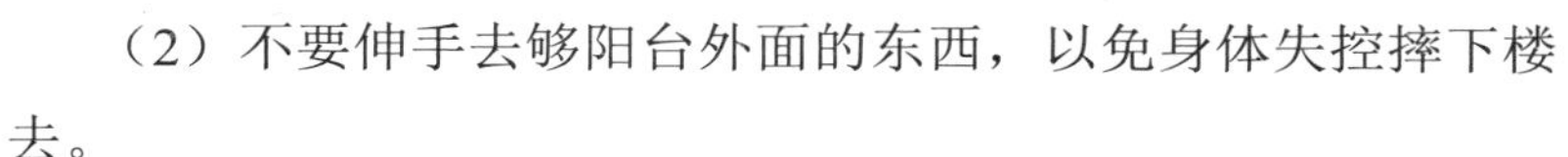

（2）不要伸手去够阳台外面的东西，以免身体失控摔下楼去。

（3）站在阳台上向远处眺望，或与楼下的小伙伴打招呼时，身体不要过多地探出阳台，以免失去平衡，发生坠落安全事故。

（4）安装的窗口栏杆，护栏间隙不超过 10 厘米。

（5）家长外出不要把孩子一个人反锁家中，儿童在家应有成年人看管。

（七）婴幼儿在浴室发生安全事故的防范

（1）家里有浴缸，在入浴前，应先试试水温。另外，调节水温是家长的事，千万不要让婴幼儿自己动手调节，以免被烫伤。水温一般以接近体温为宜。

（2）进入浴缸后一定要小心，婴幼儿的身体还太小，有时滑入水中，手又找不到合适的地方抓住，很容易被水淹到或呛到。

（3）浴室的地面溅到水后，会非常滑，不要在浴室里蹦跳、玩耍，以免摔倒受伤。

（八）机器“咬人”安全事故的防范

（1）电风扇：当电风扇开动时，绝对不可以将手指伸进防护网内。以免飞速旋转的叶片会将手指削伤。

（2）卷笔刀：使用电动卷笔刀削铅笔时，千万不要伸手去摸锋利的刀片，以免割伤手指。

（3）洗衣机：在洗衣服时，千万不要把手伸进洗衣桶内。以免你的手可能会和衣物绞在一起。

（4）其他像热水器、电熨斗等，在它们工作时不能随便去碰，以免烫伤自己。

（九）触电的安全事故的防范

（1）幼儿不要随便摆弄开关、插座。

（2）婴幼儿千万不能用手指、小刀和钢笔去触、插、捅插座的插孔，家长要把墙上位置较低的不用的插座用绝缘材料封堵。

（3）要保护好电线、插头、插座、灯座及电器绝缘部分，用绝缘的材料把不用的插头隐藏起来。要保持绝缘部分的干燥，不要用湿手去扳开关、插入或拔出插头。

（十）特殊人群家庭火灾的防范

（1）孩子不要玩火柴或打火机。不仅会烧伤自己，还会引燃其他物品甚至整个房间，造成火灾。

（2）不要拿蜡烛在床上、床下、衣柜或阁楼等狭小的地方

找东西。这样做很容易引起火灾。另外，点燃的蜡烛应远离易燃易爆物品，更要注意蜡烛及烛台的平稳。

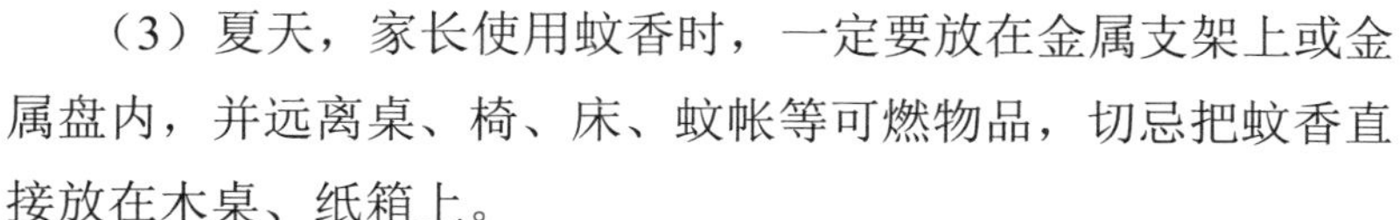

（3）夏天，家长使用蚊香时，一定要放在金属支架上或金属盘内，并远离桌、椅、床、蚊帐等可燃物品，切忌把蚊香直接放在木桌、纸箱上。

（4）孩子不要到厨房拧动天然气、煤气罐开关。

（5）注意清理家中不要的纸箱、塑料袋等易燃物品。

三、特殊人群居家安全事故的应对

安全事故的发生总是让人猝不及防。“知道如何做”是我们保护自己、保护家人最好的准备和责任。

（一）平时的准备

（1）在家庭成员中普及安全知识。每隔一段时间给孩子讲一次安全知识，以免他们忘记。尤其要教会孩子如何拨打“110”“119”“120”等报警急救电话等。

（2）将“家庭紧急联络人”的号码和常用报警号码贴在家中电话机上或大门背后。

为每位家庭中的老人、儿童和残疾人准备一张信息联络卡。上面记录本人的名字、家庭地址、家庭其他成员及联络电话、年龄、血型、既往病史等信息。信息卡要放在容易拿到的地方，如果条件允许可同时在工作单位或邻居家备份。

家庭成员信息卡		
姓名	年龄	血型
家庭住址 电话		
家庭其他成员 电话		
家庭紧急联络人 电话		
既往病史		

（二）跌倒摔伤骨折的应对

我们应当迅速联系急救中心，拨打电话“120”。

（1）若是脊椎骨折应平卧在地，或搬到硬板上后送往医院。

（2）手脚骨折后用夹板等物体将伤口固定，整体移动肢体。固定时最好用软材料垫在夹板和肢体之间，特别是夹板两端、关节骨头凸起部位和间隙部位，可适当加厚垫，以免引起皮肤磨损或局部组织压迫坏死。如果伤者伤势较轻且运送距离较近，可徒手搬运送到医院，如果伤势较重，担架搬运比较适合。

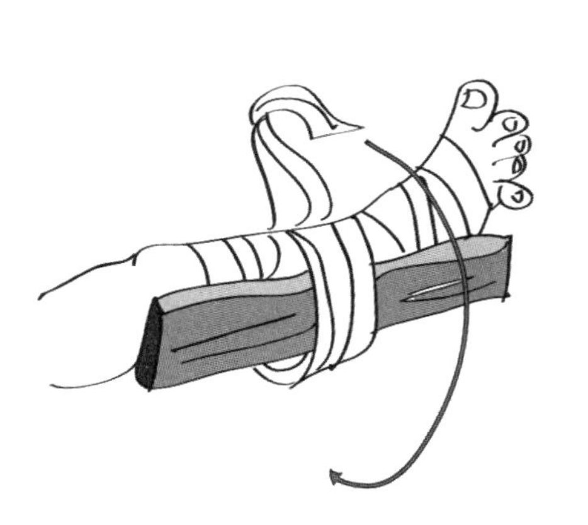
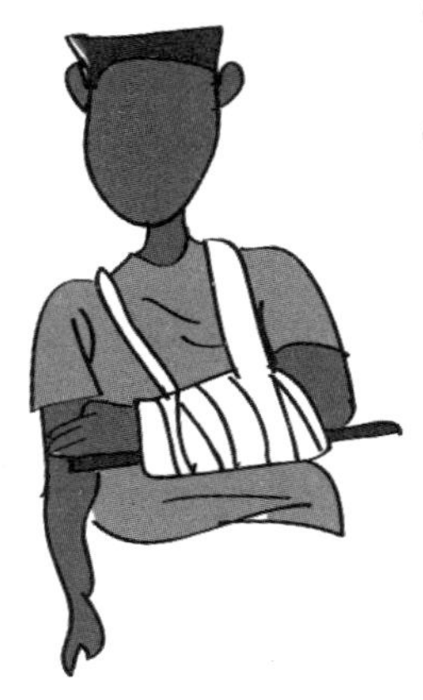

简单的固定方法：可以把布叠成一定的形状（也可以用一般其他的固定物），托在手下，然后用线挂在头颈上。

（三）发生火灾的应对

（1）老年人、残疾人在发生火灾时，应立即逃生，拨打“119”

火警电话。切不要贪恋财物错失逃生良机。

（2）如无法逃生时，等待救援。尽量选择一间靠外墙有窗口的房间进行躲避，用毛巾、床单等塞住门缝，晃动鲜艳衣物、敲击物品发出响声，用湿毛巾捂住口鼻，浇湿身体等待救援。

（四）发生触电的应对

（1）发生触电后立刻拨打报警和急救电话。

（2）发现触电后，立即切断电源或用木棒等不导电的物品将人与插线板等导电体分开。

（3）若伤势不重，平躺解开衣物，送医就诊。若失去知觉，应进行心肺复苏等急救措施，送医就诊。

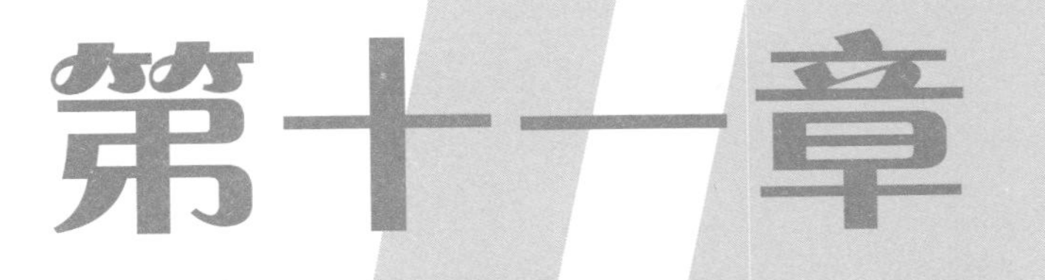

第十一章

地震灾害事故防范与应对

地震是一种自然现象，是地球内部运动的一种表现形式。根据地震观测结果统计，地球上每年发生500多万次地震。我国是一个多地震的国家，西南和西北都处于欧亚地震带上，有20多条，分布很广。地球表层的岩石圈是地壳。地壳岩层受力后快速破裂错动引起地表震动或破坏就是地震；由地质构造活动引发的地震是构造地震；由火山活动造成的地震是火山地震；由固岩层，特别是石灰岩塌陷引起的地震是塌陷地震。

由于地壳构造的复杂性和震源区的不直观性，当前的科技水平也无法准确及时地预测地震的到来，所以对于地震，我们更应该做的是提高建筑抗震等级，做好地震防范、应对及逃生。

一、基本知识

（一）震源深度和震中

地球内部发生地震的地方叫震源，也称震源区。它是一个区域，但研究地震时，常把它看成一个点。如果把震源看成一个点，那么这个点到地面的垂直距离就称为震源深度。地面上正对着震源的那一点称为震中，实际上也是一个区域，称为震中区。在地面上，从震中到任一点的距离叫作震中距。

（二）科学家用什么“尺子”来衡量地震的强弱

用来衡量地震大小的“尺子”叫作震级。震级是表征地震强弱的量度，是划分震源放出的能量大小的等级。释放能量越

大，地震震级也越高。震级每相差 1.0 级，能量相差大约 32 倍；每相差 2.0 级，能量相差约 1 000 倍。也就是说，一个 6 级地震相当于 32 个 5 级地震，而 1 个 7 级地震则相当于 1 000 个 5 级地震。世界上最大的地震的震级为 9 级。

地震震级分为 9 级，一般小于 2.5 级的地震，人无感觉，2.5 级以上人有感觉，5 级以上的地震会造成破坏。

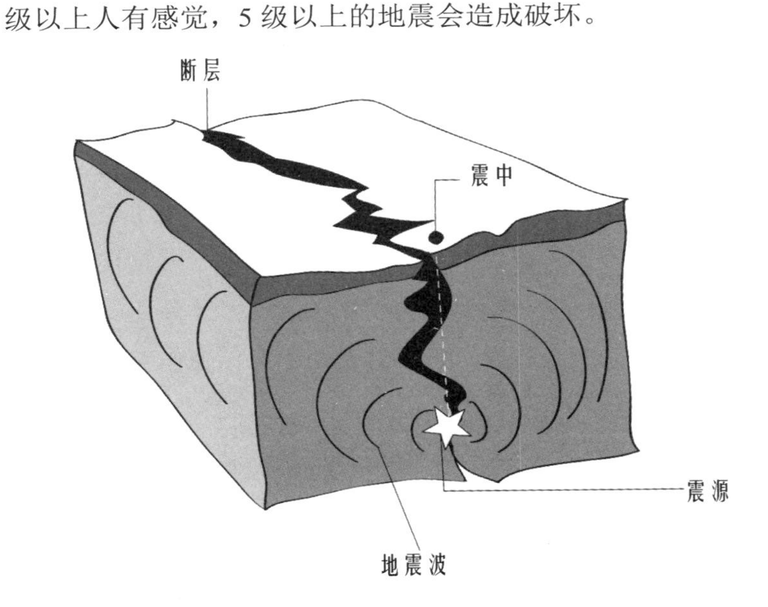

（三）地震烈度

同样大小的地震，造成的破坏不一定相同。同一次地震，在不同的地方造成的破坏也不一样。为了衡量地震的破坏程度，科学家又“制作”了另一把“尺子”——地震烈度。一般来讲，一次地震发生后，震中区的破坏最重，烈度最高，这个烈度称为震中烈度。从震中向四周扩展，地震烈度逐渐减小。

所以，一次地震只有一个震级，但它所造成的破坏，在不同的地区是不同的。也就是说，一次地震，可以划分出好几个烈度不同的地区。这与一颗炸弹爆炸后，近处与远处破坏程度不同道理一样。炸弹的炸药量，好比是震级；炸弹对不同地点的破坏程度，好比是烈度。

我国把烈度划分为 12 度，不同烈度的地震，其影响和破坏大体如下：

Ⅰ度：无感，仅仪器能记录到；

Ⅱ度：个别敏感的人在完全静止中有感；

Ⅲ度：室内少数人在静止中有感，悬挂物轻微摆动；

Ⅳ度：室内大多数人及室外少数人有感，悬挂物摆动，不稳器皿作响；

Ⅴ度：室外大多数人有感，家畜不宁，门窗作响，墙壁表面出现裂纹；

Ⅵ度：人站立不稳，家畜外逃，器皿翻落，简陋棚舍损坏，陡坎滑坡；

Ⅶ度：房屋轻微损坏，牌坊、烟囱损坏，地表出现裂缝及喷沙冒水；

Ⅷ度：房屋多有损坏，少数路基破坏塌方，地下管道破裂；

Ⅸ度：房屋大多数破坏，少数倾倒，牌坊、烟囱等崩塌，铁轨弯曲；

Ⅹ度：房屋倾倒，道路毁坏，山石大量崩塌，水面大浪扑岸；

Ⅺ度：房屋大量倒塌，路基堤岸大段崩毁，地表产生很大

变化；

Ⅻ度：一切建筑物普遍毁坏，地形剧烈变化动植物遭毁灭。

二、地震灾害事件

我国是地震灾害严重的国家，全球大陆地区的大地震中，约有四分之一至三分之一发生在我国。

1950年8月15日22时9分34秒发生在西藏察隅县的8.5级察隅地震，造成喜马拉雅山几十万平方公里大地瞬间面目全非，雅鲁藏布江在山崩中被截成四段，整座村庄被抛到江对岸，死亡4 000人。

1970年1月5日1时0分34秒发生在云南省通海县的7.7级通海地震，造成死亡15 621人。

1976年7月28日3时42分54点2秒发生在河北省唐山市的7.8级唐山地震，造成死亡24.2万人，是20世纪世界上人员伤亡最大的地震。

2008年5月12日14时28分，四川省汶川县发生8.0级地震，是我国30年来遭受的最为严重、破坏性最强、救援难度最大的地震灾害。地震造成近69 227人死亡，17 923人失踪，373 643人受伤，地震造成直接经济损失8 451亿元。

三、地震引发的灾害

地震具有巨大的破坏性，往往在瞬间山崩地裂、地表变形，摧毁城市和乡村，造成人员伤亡和经济损失，同时引发火灾、水灾、瘟疫、滑坡、泥石流等次生灾害。据统计，全世界因地震灾害死亡的人数占各类自然灾害死亡总人数的58%。自20世纪以来，全球共发生四次8.5级以上地震，我国就有两次；全球单次死亡人数超过20万人的三次地震中，我国也有两次。

地震的巨大破坏力给人类社会带来了严重影响。地震灾害直接损害主要包括房屋破坏、基础设施破坏、财产损失、生态破坏。除了直接破坏外，还会引发一系列的其他灾害，如火灾、爆炸、有毒有害气体扩散、海啸、瘟疫等地震次生灾害。

（一）地震直接造成的灾害

地震直接灾害是指由地震的原生现象，如地震断层错动，大范围地面倾斜、升降和变形，以及地震波引起的地面震动等所造成的直接后果。这些破坏是造成震后人员伤亡、生命线工程毁坏、社会经济受损等灾害后果最直接、最重要的原因。造成的严重后果如下。

（1）建筑物和构筑物的破坏或倒塌。

（2）地裂缝、地基沉陷、喷水冒砂等地面破坏。

（3）山崩、滑坡、泥石流等的破坏。

（二）地震的次生灾害

地震次生灾害是指地震灾害打破了自然界原有的平衡状态或社会正常秩序从而导致的灾害。如地震引起的火灾、水灾，

有毒容器破坏后毒气、毒液或放射性物质等泄漏造成的灾害等。

1. 火灾

地震火灾多是因房屋倒塌后火源失控引起的。由于震后消防系统受损，社会秩序混乱，火势不易得到有效控制，因而往往酿成大祸。

2. 水灾

地震引起水库、江湖决堤，或是由于山体崩塌堵塞河道造成水体溢出等，都可能造成地震水灾。如果江河湖海涨水，要向高处跑，迅速离开桥面。例如，5·12 的汶川地震出现大规模山崩，引起河流壅塞，形成堰塞湖，造成严重水患。

3. 爆炸

易燃易爆物品在地震中会发生爆炸，如家里使用的天然气储罐在地震中会因为火灾的发生而造成爆炸。

4. 有毒有害气体扩散

遇到化工厂等着火，并有毒气泄漏，不要朝顺风的方向跑，要尽量绕到上风方向去。

5. 海啸

海啸是一种具有强大破坏力的海浪。由深海地震引起的海啸称为地震海啸。地震时海底地层发生断裂，部分地层出现猛烈上升或下沉，造成从海底到海面的整个水层发生剧烈“抖动”，这就是地震海啸。海啸形成后，大约以每小时数百千米的速度向四周海域传播，一旦进入大陆架，由于海水深度急剧变浅，使波浪高度骤然增加，有时可达二三十米，从而会给沿海地区造成严重灾难。

地震海啸的威胁不容忽视，尤其是由近海地震引起的局部海啸。

2011 年 3 月 11 日东日本大地震，发生于日本当地时间 14 时 46 分，东北部海域发生里氏 9.0 级地震并引发海啸，造成 1.5894 万人死亡，2 561 人失踪，财产损失重大。地震引发的海啸影响到太平洋沿岸的大部分地区。波浪高度骤然增加达到 23 米。同时地震造成日本福岛第一核电站 1 号至 4 号机组发生核泄漏事故。

6. 疫病

强烈地震发生后，灾区水源、供水系统等遭到破坏或受到污染，灾区生活环境严重恶化，极易造成疫病流行。地震后还会引发种种社会性灾害，如瘟疫与饥荒。

四、地震灾害防范

我们要有“宁可千日不震，不可一日不防”的意识，每个家庭要根据自家的实际情况制订防震避震预案，为震时自救和互救创造条件。

（一）我们家的房子在地震中会坍塌吗

城镇住房基本都是通过建筑的结构设计，从建筑选址及建筑材料和施工技术做了相应防震处理，使建筑结构具有相应的抗震能力，房屋达到了“小震不坏，中震可修，大震不倒”设计防震目标。而农村的自建房，就要看一看居住的地方有没有

不利抗震的地方。自建房要有圈梁、构造柱等防震构造构件。不利抗震的房屋要加固，不宜加固的危房要撤离。对于自家住房的抗震能力，要做到心中有数。

（二）预防地震来临我们应该做什么

1. 室内物品该怎样摆放

（1）地震发生时，室内家具、物品的倾倒、坠落等，是致人伤亡的重要原因，因此家具物品的摆放要合理，防止掉落或倾倒伤人、伤物，堵塞通道。

（2）清理家里的煤油、汽油、酒精、油漆等易燃物，杀虫剂等有毒物品，如果用不着应该尽早清理掉。必须要留下的要存放好，放置后要能防撞击、防破碎、防翻倒、防泄漏。

2. 需要准备什么防震物品

家里要准备一个家庭防震包，包要结实、不易剐破，以便安全使用，还要放在家里便于取放处。防震包里要装饮用水、食品（干麦片、水果、无盐干果）、衣物、药品、手电筒、哨子、火柴、蜡烛、收音机、干电池等物品。

3. 进行家庭防震演练

地震往往突如其来，震时应急，好多事都要在极短的时间内或困难的环境下做完，如紧急避险、撤离、疏散、联络等。防震演习可以让每个家庭成员知道如何应对地震。所以，必要的家庭防震演练很重要。

如果在地震发生前就做好了准备和演习，你和家人就能在察觉震感的第一时间及时、正确地作出反应。地震时你和家人可能会失散，所以，请记下重要信息，以便失散后相互联系。

姓名：
年龄：
性别：
血型：
主要联系人的姓名、工作单位：
电话 / 手机：
一位外地亲友的名字和电话 / 手机号：

五、地震发生时的应对

1. 沉着应震效果好，惊慌失措害处多

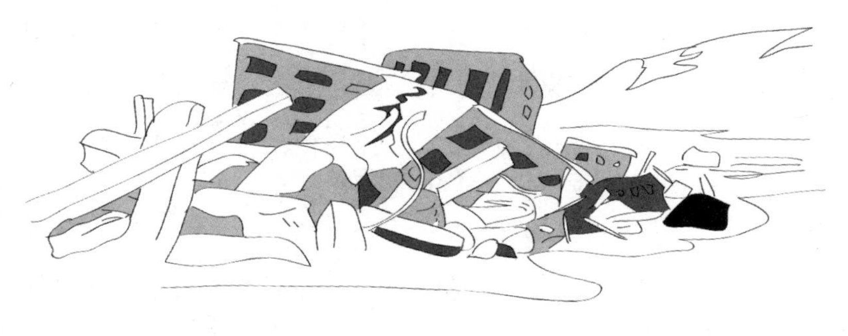

地震发生时应立即采取避震行动，但一定不能惊慌，不能盲动，否则将造成不必要的损失。

1995 年 9 月，山东省临沂市苍山县发生 5.2 级地震，震

级不算大，震中烈度不到VI度，震区房屋基本完好，本不应造成人员伤亡。但是，却有300多名小学生受伤，50多人受重伤。原因是人们震时惊慌失措，因跳楼、拥挤而致伤。

2. 利用预警时间紧急避震

强烈地震发生时，在恐怖的瞬间，也仍然蕴含着生的机遇与希望，这是许多幸存者给我们的信心。地震的事实表明，大地震的发生虽然十分突然，但在大地强烈震动之前，会出现一些人们能够觉察到的现象，能够预示强烈地震即将到来。主要有地面的初期震动，一般是感到“颠动”；地声，强烈而怪异，例如听到的声音“好似刮风”，但树梢和地上的菜叶都不动；地光，明亮而恐怖，例如有人形容它“亮如白昼，但树无影”等预警现象。据唐山地震后的调查测算，以能够对预警时间做出估计的177例为依据进行统计，其中，多数被震醒的人

称被剩余的逃生时间仅为数秒，而震时清醒者称收到预警信息后离地震发生时间可达十几秒，少数可达20秒以上。粗略估计，唐山地震的预警时间为10～20秒。从地震发生到房屋破坏，时间虽然很短，但是也要利用这段时间争取紧急避震。

3. 利用室内空间避震

震时，每个人所处的状况千差万别，避震方式不可能千篇一律。由于预警时间短暂，可以利用室内空间紧急避震。室内房屋倒塌后所形成的三角空间，往往是人们得以幸存的相对安全地点，可称其为避震空间。这主要是指大块倒塌体与支撑物构成的空间。如牢固的桌下或床下；低矮、牢固的家具边；开间小、有支撑物的房间，如卫生间、储物间；内承重墙墙角；震前准备的避震空间等。

避震时趴下时应使身体重心降到最低，脸朝下，不要压住口鼻，以利呼吸。保护头颈部。低头，用手护住头部和后颈。有可能时，用身边的物品，如枕头、被褥等顶在头上。闭眼以保护眼睛，以防异物伤害眼睛。保护口、鼻，有可能时，可用湿毛巾捂住口、鼻，以防灰土、毒气。

4. 家在高层、多层建筑里的应对

选择室内较安全的避震地点进行躲避，选择室内空间避震。

地震发生时要注意不能跳楼；不要到阳台上去；不要待在外墙边或窗边；不要到室外楼梯去；不要乘电梯逃生。

5. 家在单层建筑里的应对

如果发现预警现象早，屋外场地开阔，可尽快跑出室外避震。在室内尽量选择低矮、牢固的家具边、牢固的桌子下或床下进行避震。

6. 当地震还在持续时的应对

当地震还在持续时，将你的活动范围限制在周围某个安全地点几步以内，在晃动停止确认安全后及时离开室内。

如果你在室内，就蹲下，寻找掩护，利用写字台、桌子或者长凳下的空间，或者身子紧贴内部承重墙以其作为掩护，然后双手抓牢固定物体。如果附近没有写字台或桌子，用双臂护住头部、脸部，蹲伏在房间的角落。远离玻璃制品、建筑物外墙、门窗以及其他可能坠落的物体，例如灯具和家具。

在晃动停止并确认户外安全后，方可离开房间。地震中的大多数伤亡，是在人们进出建筑物时被坠物击中造成的。

7. 地震发生时，人在电梯中的应对

在搭乘电梯时遇到地震，将操作盘上各楼层的按钮全部按下，一旦停下，迅速离开电梯，确认安全后避难。电梯装有管制运行的装置，地震发生时，会自动停止，停在最近的楼层。万一被关在电梯中的话，请通过电梯中的专用电话与管理室联系、求助。

8. 地震发生时驾驶汽车如何应对

发生大地震时，汽车会像轮胎泄了气似的，使人无法把握方向盘，难以驾驶。因此必须充分注意，避开十字路口将车子靠路边停下。为了不妨碍避难疏散的人和紧急车辆的通行，要让出道路的中间部分。都市中心地区的绝大部分道路将会全面禁止通行。充分注意汽车收音机的广播，附近如果有警察，要依照其指示行驶。

（二）地震发生后，被困在废墟下的应对

（1）保存体力。敲击管道或墙壁以便救援人员发现你。如果有哨子等发声物应及时使用。在其他方式都不奏效的情况下再选择呼喊，因为喊叫可能使人吸入大量有害灰尘并消耗体能。同时不要勉强行动，待外面有人营救时，再按营救人员的要求行动。不要随便点明火，因为空气中可能有易燃易爆气体，点火会发生燃烧爆炸的危险。用手帕或布遮住口部。如果暂时不能脱险，要耐心保护自己，等待救援。

（2）维持生命。寻找身边的食物和水，节约使用食物和水，无饮用水时，可用尿液解渴。

（3）如果受伤，想办法包扎、止血，防止伤口感染，尽量少活动。

（4）被救出后，按医生要求保护眼睛，长时间处在黑暗中的眼睛不能受强光刺激。进水进食要听医嘱，以免肠胃受到伤害。

（三）地震发生时逃生的应对

（1）注意周边可能发生山崩、断崖落石或海啸，在山边、陡峭的倾斜地段，有发生山崩、断崖落石的危险，应迅速到安全的场所避难。在海岸边，有遭遇海啸的危险。如果感知地震或发现海啸前兆，请注意收音机、电视机等播放的信息，迅速到安全的场所避难。

（2）如果你在室外，待在原地不要动，远离建筑区、大树、

街灯和电线电缆。遇到山崩、滑坡，要向垂直于滚石前进的方向跑，切不可顺着滚石方向往山下跑，用湿毛巾捂住口、鼻，也可躲在结实的障碍物下，或蹲在沟坎下，要特别注意保护好头部。

（3）不要听信谣言，不要轻举妄动

在发生大地震时，人们心理上易产生动摇。为防止混乱，每个人依据正确的信息，冷静地采取行动，极为重要。从携带的收音机等中把握正确的信息，相信从政府、警察、消防等防灾机构直接得到的信息，绝不轻信不负责任的流言蜚语，不要轻举妄动。